宇宙ビジネス新時代！

# 解説「宇宙資源法」

―宇宙ビジネス推進の構想と宇宙関連法制度―

［編著］
衆議院議員
小林　鷹之
衆議院議員
大野　敬太郎

第一法規

2021:
space resources act

# 刊行によせて

令和3年6月15日、第204回通常国会にて、議員立法として提出していた「宇宙資源法」が成立しました。「研究開発」中心だった宇宙利用目的を「安全保障」・「研究開発」・「産業振興」の三つの柱に拡大することが大きな目的であった「宇宙基本法」を平成20年に超党派で成立させてから14年。日本人宇宙飛行士の活躍や「はやぶさ」の帰還成功、GPSを利用したサービスの増加などを通じて、宇宙は国民にとってより身近な存在となり、民間事業者の宇宙分野への参入もますます進んでいます。平成28年には自民党宇宙・海洋開発特別委員会で中心に議論して「宇宙活動法」、「衛星リモセン法」が成立しましたが、日本の宇宙産業の障害を取り除き、そして産業界の後押しをできるようにとの思いで、「宇宙資源法」は政府に先んじて議員立法で作りました。同様の法律の成立は世界で四番目というスピードでした。

自民党側の責任者として、「宇宙基本法」を超党派でとりまとめて以来、国益の根幹に関わる宇宙政策は絶えず与野党の別なく議論をしていく枠組みを構築してきましたが、「宇宙資源法案」についても、自民党内における議論とともに超党派の枠組みでの議論を進めることで幅広い関係者が合意できる法案となり、立法府の一員としての役割を果たすことができたと自負しています。

「宇宙資源法案」の共同提出者である小林鷹之衆議院議員、大野敬太郎衆議院議員には、それぞれ自民党宇宙・海洋開発特別委員会宇宙法制・条約に関するワーキングチーム座長、自民党宇宙・海洋開発特別委員会事務局長として、法文作成や与野党多くの関係者に対する法案説明など、実務の多くを担っていただきました。私が共同座長を務める民間主導の月面産業ビジョン協議会が令和3年7月にとりまとめた「月面産業ビジョン」も、両名には座長代理として議論をリードしていただきました。

この本によって、読者の皆様の現在の日本の宇宙政策への理解が進み、また立法府における議員立法活動の一端についても知っていただければ幸いです。

令和四年九月

前　自由民主党宇宙・海洋開発特別委員長
元内閣官房長官　河村建夫

宇宙戦艦ヤマト、銀河鉄道999、機動戦士ガンダム。

アニメを食い入るように見ながらも、子供ながらに感じた「宇宙の謎」。

「宇宙の外側には何があるのだろう?」

「ビッグバンが起こる前には何があったのだろう?」

大人に聞いても納得する答えは返ってこず、いつしか考えることをやめた。

中学生の頃には、現実の世界で過ごすことに夢中で、いつしか「宇宙」は自分とは関係のない世界と思い込むようになった。

宇宙が、自分自身や世の中の社会・経済活動などに深く関わっていると気づいたのは、社会人になった頃だろうか。今では当たり前になったナビゲーション、天気予報、衛星放送等々のサービス。宇宙空間に浮かぶ衛星によって私たちは安全にそして豊かな生活を送れるようになった。

今では1、000を超える宇宙ベンチャーが存在し、国際宇宙ステーション（ISS）への物資やクルーの輸送も民間が担うようになり、更には、多くの挑戦心あふれる人々の努力によって、宇宙旅行も現実のものとなった。起業家らの飽くなき探求心に敬服するばかりだ。

産業、科学、安全保障。あらゆる面において、宇宙はフロンティアだ。未知の可能性が眠っている。冷戦時代は事実上米ソ両国のみの競争領域であったが、今は、多くの国がその可能性を追求すべく、宇宙政策を国家戦略と位置付けてしのぎを削る時代が本格的に到来した。今後、各国によるルール整備も活発化するだろう。

宇宙資源法について言えば、世界で4番目に成立させることができた。これを機に、ルール形成に精力的に取り組み、世界を牽引する国に変わっていかねばならない。

多くの同僚議員、法案検討当初から助言を下さった小塚荘一郎教授、水島淳弁護士、石戸信平弁護士をはじめとする有識者の皆様、政府関係者、衆議院法制局の皆様に心から感謝したい。

途中、多くの壁が立ちはだかる中、最後までたどり着けたのは、思いを心底共有し鼓舞し合えた畏友の大野敬太郎議員の存在に拠る所が大きい。偶然にも、岸田内閣で、大野議員と宇宙政策を二人三脚で担うことになった。力を合わせて我が国の宇宙政策を更に前へ進めていきたい。

本著は、幼い頃に「宇宙」に興味を抱いた、二人の政治家が、日本の未来のために、そして「宇宙」という場で活躍したいと望む若者達のために作った「宇宙資源の所有権を認める」法律への思いと、成立までの奮闘を記録したものである。

今後、本法の制定意義が広く理解され、多くの方が本法を活用して事業に挑戦されることを通じ、我が国の宇宙産業が振興すること、それが人類にとって大きな貢献となることを切に願う。

令和四年九月

衆議院議員　小林鷹之

宇宙は既に我々の生活を支える重要な空間となっているが、宇宙資源法の成立により、日本は民間事業者が月面の資源を採取し販売できる国となった。世界で4番目、とのことだ。事業が成功すれば間違いなく人類に裨益するだろう。画期的な法律だと自負しているが、むしろ、本気でビジネスにしようとしている民間事業者に、私は最大の賞賛とエールを送りたい。

戦後、日本は高度成長の波に乗り、世界第二位の経済大国となった。1968年生まれの私は、そうした実感を明確に持って育ったわけでは決してないが、幼少の時分を海外で過ごしたせいか、子供の時から外国の様子には漠然とした関心があり、住んでいたアパートは官舎で狭かったが、朧気ながらも比較論として日本の温かい豊かさに満足していた。

バブル崩壊は、私が社会人になったその年に突然訪れた。戦後、先輩方が牽引し再興させた日本の経済が、鬱血した血管のようにその流れを止めた。もちろんそれは、社会構造を全く知らない青二才が正確に理解し得たことではなかったが、根拠のない楽観とともに、それまでとは明らかに違う空気感を感じていた。先輩方の頑張りと輝きを、自らプレーヤーとして体感しようにも、決してそのような状況にないと実感した時、私の根拠のない楽観も、根気のいる焦燥に代わっていった。

その頃、日本人には限界に挑戦するハングリースピリッツがなくなったという言葉をよく耳にした。確かにバブル崩壊後、日本の国際競争力はみるみる下がり、世界を席巻していたテック企業は、新興国の産業国家戦略を前に敗退を余儀なくされるようになっていた。しかし私はこの論には違和感を覚えていた。ハングリースピリッツが消え失せたのではない。今でも斬新なアイディアと堅実なビジネスモデルで、未来を切り拓こうとする日本人は確かに存在する。問題は複雑多様化する社会課題に社会制度が付いていけず、折角のスピリッツが生かせていないだけなのではないのか。

であれば、政治家となった今こそ社会制度を時代の変化に合わせて整備し、社会課題解決の限界に挑戦すべきだと思った。かつて作家のアーサー・C・クラークは「可能性の限界というものは、可能性の限界を超えて不可能の領域に達しなければ定義できない」と喝破した。この言葉を噛み締めながら、今後も現れるであろう新しい挑戦者と共に可能性の限界を探っていけることを願い、この宇宙資源法の整備に心血を注いだ。まるで天啓であったかのように同志と機運にも恵まれた。

本書を手に取ってくださった読者の皆様の多くは既に宇宙産業に従事されているか、あるいは今後進出のビジョンをお持ちのことだろう。本書が貴方の背中を強く押すことができたら、そして、立場は違(たが)えど同じ挑戦者として良きバディとなれたら――そんな願いを込めた一冊となっている。

最後に、本法の起草から成立まで、共に獅子奮迅の勢いで勇往邁進した熱血漢の小林鷹之代議士に改めて感謝したい。思いを共有できる同志を得たことは、私の人生の喜びの一つである。

令和四年九月

衆議院議員　大野敬太郎

# 目次

# 第2編　「宇宙資源の探査及び開発に関する事業活動の促進に関する法律」逐条解説

# 凡例

## ■本書における主な法令と略称

宇宙資源法……宇宙資源の探査及び開発に関する事業活動の促進に関する法律（令和3年法律第83号）
宇宙基本法……宇宙基本法（平成20年法律第43号）
宇宙活動法……人工衛星等の打上げ及び人工衛星の管理に関する法律（平成28年法律第76号）
衛星リモセン法……衛星リモートセンシング記録の適正な取扱いの確保に関する法律（平成28年法律第77号）
宇宙条約……月その他の天体を含む宇宙空間の探査及び利用における国家活動を律する原則に関する条約（昭和42年条約第19号）
宇宙救助返還協定……宇宙飛行士の救助及び送還並びに宇宙空間に打ち上げられた物体の返還に関する協定（昭和58年条約第5号）
宇宙損害責任条約……宇宙物体により引き起こされる損害についての国際的責任に関する条約（昭和58年条約第6号）
宇宙物体登録条約……宇宙空間に打ち上げられた物体の登録に関する条約（昭和58年条約第7号）

※本書は、特に断りのない場合、本書執筆時点の情報を基に記述しております。

# 宇宙ビジネスの現状と我が国の制度

2021:
space resources act

# 第1章

# 民間主導の宇宙産業の現状

## ―映画の世界が、今現実に―

# Ｉ

## 米国の宇宙開発

「２０２１年」。世界にとっても、我が国にとっても宇宙産業が本格化した年となった。

米国においては、２００９年以降ロシアに頼っていた国際宇宙ステーション（ＩＳＳ）への飛行士輸送をベンチャー企業であるSpaceXが成功させ、Blue OriginやVirgin Galacticも一般人の宇宙空間への飛行を成功させた年となった。そして我が国では、民間企業による月面を含む宇宙空間における活動を推進するために、宇宙資源の所有権を認める「宇宙資源法」が成立した。

筆者らが幼少の頃から「ワクワク」しながら観ていた宇宙を題材にした米国映画。１９６８年の「２００１年宇宙の旅」、１９７７年の「未知との遭遇」、１９９５年の「アポロ13」、そして２０００年代に入って「ミッション・トゥー・マーズ」「パッセンジャー」など、当時としては非現実とも思える未来の世界を含め、筆者らに夢を与え冒険心をくすぐり、そして地球の危機を救うために何をするか、といった壮大なテーマを考えるきっかけを作ってくれた。

「２００１年宇宙の旅」の映画の世界は、月に人類が居住する月面基地、スーパーコンピュータ－ＨＡＬ９０００、スペースシャトル、軌道周回ステーション、木星飛行任務など、正確な情報を根拠とした外挿に厳密に基づいていた。

まさに、この映画が公開された1968年以降、米国が実現したものもあるが、月面基地や木星飛行、今は火星を目指しているが、これらは現在の目標となっている内容である。

1961年にはケネディ大統領が米国の威信をかけたプロジェクト「アポロ計画」を発表。この頃は、まだ国が主導する宇宙開発が始まったばかりであり、無人の打上げロケットの飛行テストをしている段階であった。

では、この映画がなぜこれほどまでに技術的根拠に根差して作ることができたのか。マイケル・ベンソン著の『2001：キューブリック、クラーク』（早川書房、2018年）によると、キューブリックが徹底的に調査・精査をしたこともあるが、多くの情報が一流の米国企業からもたらされたためであったという。米国の技術力の底力はこうした点にある。

1969年に米国は人類初の月面着陸に成功し、さらに1972年には地球観測システムであるランドサット1号が、1978年には全地球測位システムである初のGPS衛星が打ち上げられた。ランドサットは2021年までに9機打ち上げられ、8号機・9号機が現在運用中である。GPSは現在31基で運用されている。

なお、測位衛星については、各国で独自の衛星が打ち上げられており、欧州ではガリレオ、ロシアはグロナス、中国は北斗、インドはＮＡＶＩＣ、そして日本ではみちびきが稼働している。

21世紀に入ると民間による宇宙ビジネス参入が活発となった。２０００年には「数百万人が宇宙に暮らし働く世界を作りたい」としたジェフ・ベゾス氏が Blue Origin を、２００２年には「人類を火星に送り込む」としたイーロン・マスク氏が SpaceX を創業した。これに先立つ２０００年に米国では、宇宙輸送システムに不可欠な技術を開発することを目的とした構想「スペース・ローンチイニシアティブ（第二世代ＲＬＶ計画）」が発表され次の三つの戦略のもとで進められた。①高い安全性及び信頼性及び低コストの宇宙輸送システムを２００６年までに開発すること、②柔軟で商業生産された再使用可能なロケットを開発するための調整、③商業ロケットを使用した、ＩＳＳへの貨物補給への調整。その後の２００４年、ブッシュ大統領が発表した新宇宙政策構想（後、２００６年に国家宇宙政策策定）に基づいて、２００５年に民間企業から物資や宇宙飛行士を地球低軌道まで輸送する能力を調達するための育成計画（Commercial Orbital Transportation Services（ＣＯＴＳ））が始まり、それに応募し選定されたのが SpaceX だった。まだ飛行実証も無い企業に３００億円を超える研究費が渡され、目標は２０１０年までと設定された。２００８年４回目の飛行実証でようやく成功し、２０１０年には「ファルコン９」の初飛行が実現した。

こうした中で、２０１０年、オバマ政権は４年前に策定された宇宙利用の基本指針とされる「国家宇宙政策」を改訂した。産業基盤の強化と国際協力の拡大が強調され、特に強固で競争力のある商業宇宙分野は宇宙の継続的な進展に不可欠であることから、米国の当該分野における成長を促進するとされた。そして、宇宙産業の世界市場への参加、衛星製造、衛星を利用したサービス、打上げ、地上アプリケーション及び起業の増加といった宇宙産業の活性化を目標とすると共に、宇宙環境の安定のため、宇宙状況監視（ＳＳＡ）を強化するとした。

このＳＳＡの強化は今後、輸送サービスや宇宙旅行等といった新たな宇宙ビジネスのためだけでなく、安全保障上においてもますます重要になると考えられる。物理的、電波的障害を受けることなく、安全に宇宙空間へアクセスし、運用し、そして地上へ帰還するための技術的、規制的取決めが必要になるであろう。具体的に言えば、宇宙空間を利用する国において、共通の「打上げ時の安全管理規制」「共通の情報基盤、運用規制」「共通の再突入運用規制」「共通の事故防止のための規則」の制定など、宇宙空間における交通管理システムの構築が、宇宙産業推進と同時に進めなければならない重要事項になると考えられる。

宇宙産業に話を戻そう。

米国で宇宙産業が発達した要因は何か？　もちろん起業家たちのマインドに依るところが大きいが、当初予定よりかなりのコストがかかったスペースシャトルの開発と、その退役後のＩＳＳへの物資輸送に関する民間企業による挑戦であった。今や宇宙産業の雄とされるSpaceXは、低コスト化のために民生部品の利用を徹底した。それが原因ともなる爆発事故など、多くの失敗を経て、2019年3月に有人宇宙船「クルードラゴン」を完成させ、無人飛行試験を経て、2020年5月には有人飛行を実現させた。創業者イーロン・マスク氏の「If things are not failing, you are not innovating enough.」(失敗していないとすれば、イノベーションを起こしていないということだ)というハングリースピリットがまさしく結実したと言える。

クルードラゴンを打ち上げるためのロケット、「ファルコン9」の特筆すべき点は、第1段ロケットが再利用できるところにある。初の有人飛行試験で、切り離された第1段ロケットが、所定の着陸位置に戻るのを生中継で観たが、その発想と技術力には筆者らを含め、多くの世界中の人々が感動したはずだ。

# Ⅱ　宇宙産業の市場

米国衛星産業協会（ＳＩＡ）の「2021 State of the Satellite Industry Report」によると、宇宙ビジネスの市場規模は、２０２０年時点で３、７１０億ドル。そのうちの73％の２、７０６億ドルが衛星サービスで占められており、通信（衛星テレビ、インターネット、電話、移動体通信）及び地球観測等が１、１７８億ドル、地上設備（ネットワーク機器、消費者端末等）１、３５３億ドル、衛星製造が１２２億ドル、衛星打上げサービスが５３億ドル、その他の27％は非衛星サービスである（**図１**）。衛星サービスのうち、衛星ブロードバンド、リモートセンシング画像等のサービスが前年に比べて約20％増、２０１６年比では約40％増で、今後もこの分野のサービスが伸びると予想されている。

その他、宇宙産業の市場規模については様々な予測がある。例えばMorgan Stanley の予想によると２０４０年には２０２０年の３倍の１兆ドルを超えるとされ、そのうち衛星サービスの占める割合が宇宙産業市場全体の50％を超えるであろうとされている（2020.7.24 Space: Investing in the Final Frontier）。なお、この内訳には、伸びが大きい人工衛星の普及によるデータ利活用等の二次的市場も含まれている。

非衛星分野に関しては、今後の衛星コンステレーションの構築に伴う打上げサービス、衛星製造や地上設備の整備もそれぞれ２０２０年の約2.3倍、約1.4倍と試算されている。さらには宇宙旅行や輸送等のサービスも増えていくことが予想されるため、非衛星分野での市場はさらに大きくなることも考えられる。

今後市場が伸びる衛星サービスとしては、前述した通信サービスをはじめ、位置情報、画像を含む地球観測、さらにはＳＳＡが挙げられる。

ＳＳＡについては、地球近傍の物体の追跡や検出、人工衛星間あるいはその他物体との衝突危険の回避、安全保障目的のための監視など、重要性が増している。Reseach And Markets によると２０２１年の15億ドルから２０２６年には18億ドルに達すると予測されている（Space Situational Awareness Mar-

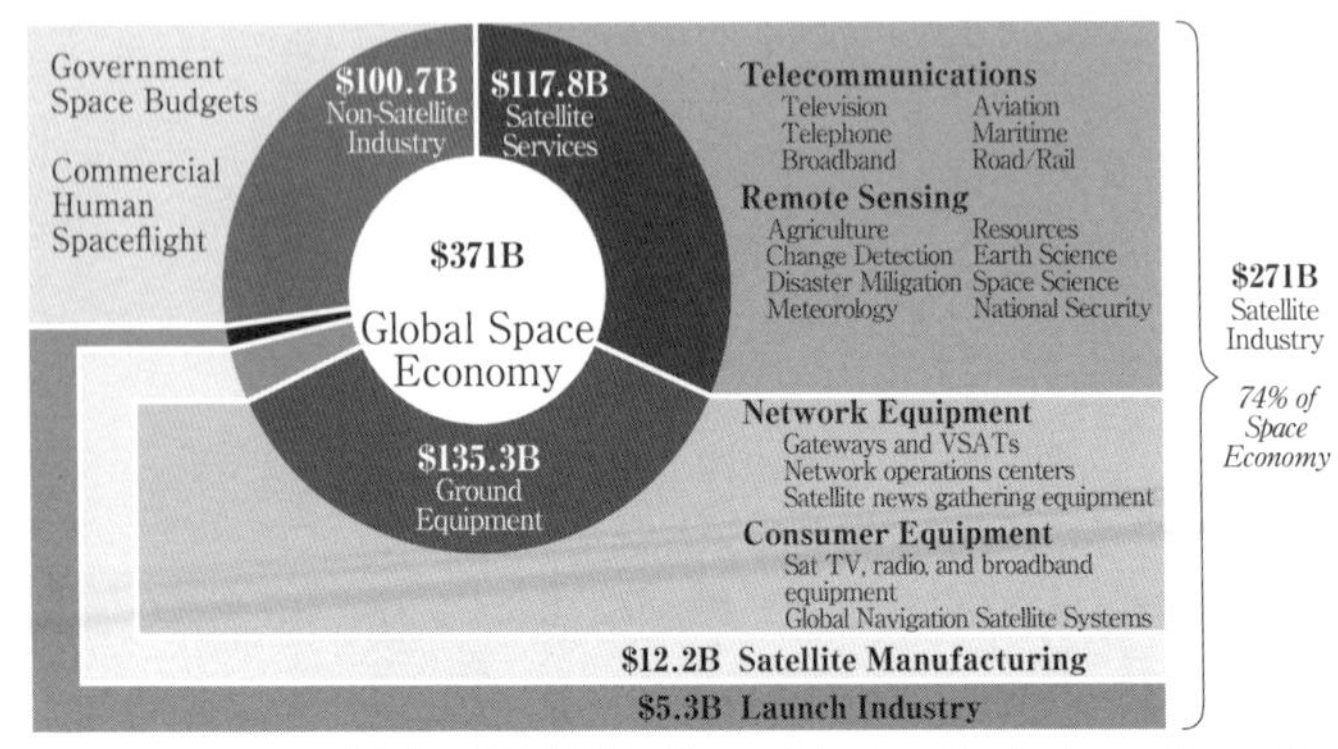


（出典：SIA“2021　State of the Satellite Industry Report”）

図１：The Satellite Industry in Context（2020 revenues worldwide, in billions of U.S. dollars）

ket ~ Forecast to 2026)。また今後は民間企業による宇宙空間での輸送事業も増加していくと考えられるため、宇宙交通管理（ＳＴＭ）の重要性が増すであろう。

宇宙関連企業の動向については、セグメント別に市場と企業動向について述べられることが多いが、本著においては、２０１７年にアメリカから提案されて現在国際連携で進められている有人月面着陸を目指す「アルテミス計画」とその後の火星探査の流れに沿って、各ステージ毎の開発目的とその開発先について分かっている範囲で述べていくことにする。

米国では、トランプ政権の発足により24年振りに国家宇宙会議が復活し、２０１７年発表の「国家安全保障戦略（ＮＳＳ２０１７）」において①宇宙の優先的なドメインへの格上げ、②宇宙関連商活動の促進、③宇宙探査における主導的立場の保有の３点が、宇宙政策の中で最も優先順位が高い政策とされた。

月面への最後の有人ミッション（１９７２年）からちょうど45年目の２０１７年12月11日にトランプ大統領が署名した「宇宙政策司令１」で、有人月探査及び火星探査への基盤を確立することが決定され、これが後に「アルテミス計画」と名付けられることとなった。米国が再び宇宙分野でリーダーシップをとるための壮大な計画である。

２０１７年の「宇宙政策指令１」に続く「宇宙政策指令２」では、商業目的の打上げと再突入に関する新しい規制を作ること、商務省に民間企業が宇宙開発を行うにあたって必要な手続きをワンストップで行える組織の立ち上げ、民間のリモートセンシング企業への規制の見直し等の検討が含まれた。さらに２０１８年６月18日には「宇宙政策指令３」において、ＳＳＡ及びＳＴＭの新たなアプローチについて検討指示がなされた。

アルテミス計画が正式に発表されたのは２０１９年。まずは２０２４年までに米国人宇宙飛行士を月に送り、その後、月軌道上でゲートウェイ（月周回有人拠点）を建設して月面探査を進めるとされた。そして、次の段階として、月面基地を建設し、月での人類の持続的活動を目指し、そこを火星への中継拠点とするという壮大な計画が開始された。

２０２０年10月に、アルテミス計画を念頭に、宇宙探査・利用を行う際の諸原則について各国の共通認識を示すため、米国、日本、カナダ、イタリア、ルクセンブルク、ＵＡＥ、イギリス、オーストラリアの８か国がアルテミス合意に署名し、各国及び民間企業が同計画の目標に向けて動き出した。２０２２年８月時点で21か国が署名している。

なお２０２１年末、岸田文雄首相が「２０２０年代後半には、日本人宇宙飛行士の月面着陸の実現を図る」と表明し、２０２２年５月の日米首脳会談において、「アルテミス計画」での実現を目指し、協力を継続することとなった。

# Ⅲ アルテミス計画と宇宙産業

アルテミス計画は大きく分けて3段階で進められることになっている。

アルテミスⅠでは、「オリオン」と呼ばれる宇宙船を使用して、地球と月の間を往復する無人飛行試験を行う。オリオンを打ち上げるための世界最大級のスペース・ローンチ・システム（ＳＬＳ）は、米国航空宇宙局（ＮＡＳＡ）とBoeingが、オリオンの開発はLockheed Martinに委託され、そのエンジンはAerojet Rocketdyneが提供する（２０２０年12月、Lockheed MartinはAerojet Rocketdyneを買収）。

アルテミスⅡでは、有人飛行試験を行い、アルテミスⅢではゲートウェイの整備を経て有人月面着陸を目標としている。月周回軌道と月面を行き来する月面着陸船は、SpaceXに開発が委託された。

アルテミス計画参加国は、米国が提案した月面着陸や火星への有人中継基地としての月軌道プラットフォームゲートウェイを共同で建設する。ＩＳＳの重量の１／６、居住空間はＩＳＳの９モジュールから２モジュールに、滞在する宇宙飛行士は最大で４人とされ、１年のうちほとんどは無人で運用されるなど、あくまで中継基地に特化した小型版ＩＳＳである。

ゲートウェイの最初の構成要素となる電力・推進エレメント（ＰＰＥ）の開発はMaxar Technologiesに、有人モジュール（ＨＡＬＯ）の開発はNorthrop Grummanに決まった。また、日本は居住に関する機能や補給の貢献を、カナダ宇宙庁（ＣＳＡ）は外部ロボットインターフェースや外部ロボティクス運用を含む高度ロボットによる貢献を、欧州宇宙機関（ＥＳＡ）は国際居住モジュール、月通信、燃料補給能力等の貢献をすることになっている。

ゲートウェイから月面にペイロード（探査機器などの荷物）を輸送する商業月輸送サービス（ＣＬＰＳ：Commercial Lunar Payload Service）プログラムは民間企業から公募する。月探査・開発の多角化、円滑化、低コスト化を図るためのものであり、ＮＡＳＡは審査基準を次の５項目とした。

⑴　10kgの物資を輸送できる能力を有すること

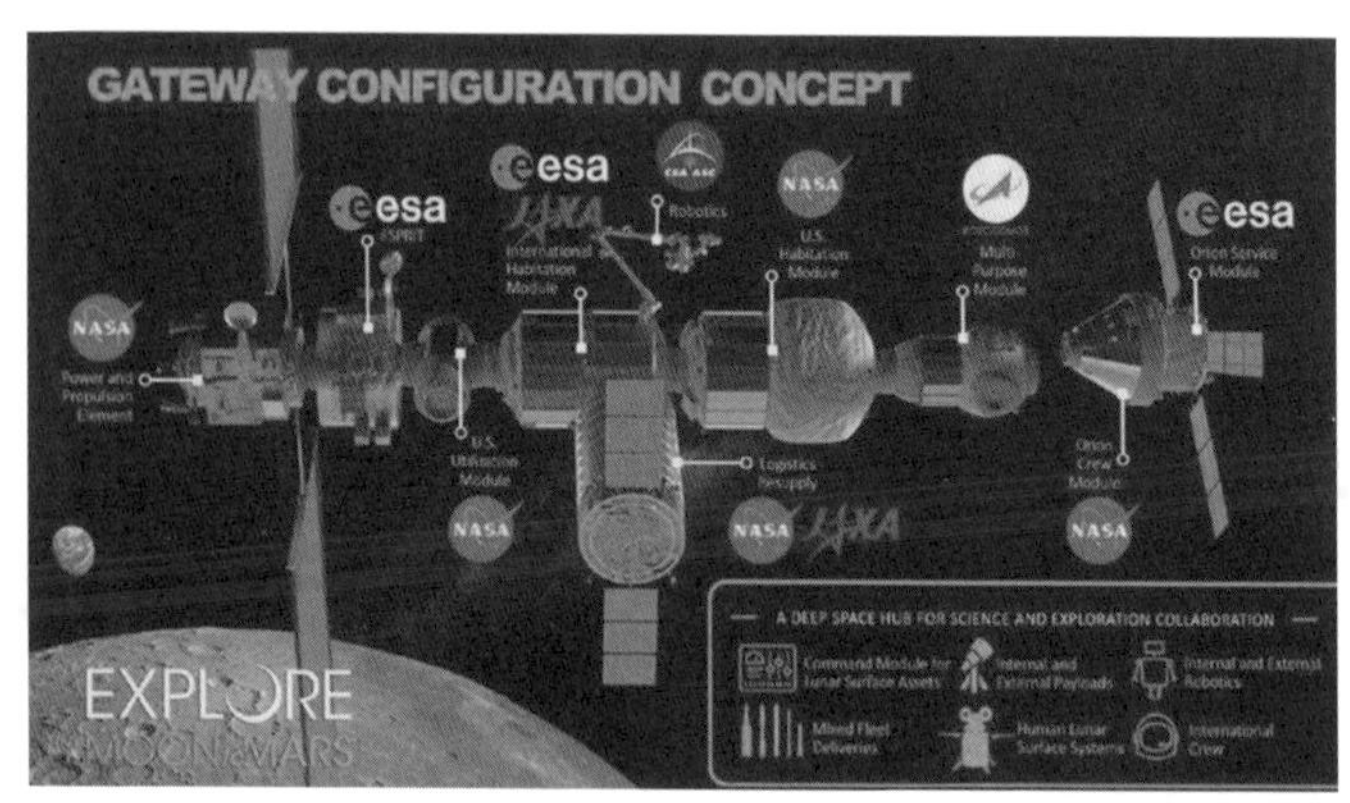


（出典：NASA）

図１：月周回有人拠点「Gateway」構想

(2)　輸送完了までのレギュレーションを理解していること
(3)　打上げ計画が現実的であること
(4)　機器の設計が信頼に値すること
(5)　NASAの機器とのインテグレーション

２０２０年時点で、Astrobotic Technology、Deep Space Systems、Draper、Firefly Aerospace、Intuitive Machines、Lockheed Martin Space、Masten Space Systems、Moon Express、Orbit Beyond、Blue Origin、Ceres Robotics、Sierra Nevada Corporation、SpaceX、Tyvak Nano-Satellite Systems の14社が選定（入札する権利）された。なお、Draper 研究所のチームには日本の ispace が入っている。

有人着陸船については、NASAが Aerojet Rocketdyne、Blue Origin、Boeing、Dynetics、Lockheed Martin、Masten Space Systems、Maxar Technologies、Northrop Grumman、Orbit-Beyond、Sierra Nevada Corporation、SpaceX の11社に打診をし、２０２１年4月に SpaceX に決定した。

２０２２年3月に、NASAは「新たな着陸船構想を企業に求める」と発表した。「アルテミス計画」以降のミッションに備え、「競争」により成功を確実なものとするためである。

月面探査車については、アルテミス計画の輸送サービス事業者として選定された Astrobotic

Technology、２０２２年に打ち上げる予定の着陸船 Peregrine の16個のペイロードには、日本企業のダイモン社が開発したローバー「ＹＡＯＫＩ」が含まれている。また、２０２３年に打ち上げる着陸船 Griffin には、ＮＡＳＡが開発した探査ローバー Volatiles Investigating Polar Exploration Rover（ＶＩＰＥＲ）が搭載される予定である。

月面ローバーについては、アルテミス計画への参画主体は決まっていないが、General Motors が Lockheed Martin や、トヨタと日産がそれぞれ国立研究開発法人宇宙航空研究開発機構（ＪＡＸＡ）と共同開発を行っている。

また、ispace は独自の月探査ミッションを統括するプログラム「HAKUTO-R」で、日本初の独自ランダーとローバーを開発した。

その他、ＮＡＳＡは火星探査車として、１９９７年の「ソジャーナ」以降、「スピリット」、「オポチュニティ」、「キュリオシティ」に続いて、２０２１年に「パーサヴィアランス」を開発している。パーサヴィアランスでは、走りながらカメラで撮影した画像から３Ｄマップを作成するという高度な処理も可能となった。

アルテミス計画は、先述したように月面探査の後、月面基地を建設し月での人類の持続的活動を目指す。また、そこを中継拠点として、有人による火星の探査を目指す。この点は、２０２０年の Lunar ISRU（In-Situ Resource Utilization）Production and Delivery Services」（In-Situ 資源利用）

の概要に記載されているが、月面で構造物を建設し、月の資源を利用して水、燃料、その他の物資を生産する技術を開発、実証することにより、火星を含むより遠い惑星へのミッションに役立つとしている。

このような月面開発計画は米国だけでなく、日本、欧州、中国等、世界各国が積極的に進めている。我が国では参画する主体は政府や宇宙関連企業に留まらず、建設、自動車、食品など様々な業種に広がっており、宇宙とは直接関係のない民間企業を含む30社以上が月面産業ビジョン協議会[1]という団体を設立し、産業界自らが積極的に参画する決意を示している。例えば、ispaceの月面探査プログラム「HAKUTO-R」では、日本航空（着陸機開発支援）、三井住友海上火災保険（月保険）、日本特殊陶業（全固体電池）、シチズン（チタン素材）、スズキ（着陸脚の強度解析）、住友商事（産業創出）、高砂熱学（電気分解装置）、三井住友銀行・SMBC日興證券（月面産業ファイナンス）といった多様な分野の業種が参画している。

1　ispace、三菱総研、INCJ、IHI、味の素、大林組、GITAI Japan、清水建設、SPACE FOODSPHERE、住友商事、ソニーコンピュータサイエンス研究所、高砂熱学工業、千代田化工建設、TBSホールディングス、電通、凸版印刷、日揮グローバル、日清食品、日本政策投資銀行、NEC、パーソルキャリア、三井住友海上火災保険、三井物産、三井不動産、三菱重工業、三菱電機、Moon Village Association、ユーグレナ、横河電機など多様な業種で構成される団体。

（出典：ファン！ファン！JAXA！）

このような月面産業だけでなく、さらなる深宇宙の探査などの宇宙開発は、月やその他の惑星、宇宙空間の資源を利用することによって可能になる。

宇宙空間で取得した資源の扱い、とりわけ所有権のあり方等については、ハーグWGなど宇宙資源に関する国際会議等の場において各国の国内法整備の進展と実績の積み上げに期待する声が高まっている。これまで、宇宙資源の所有権を国内法で担保していたのは、米国、ルクセンブルク、UAEのみであり、我が国を含め、各国の企業はそれらの国に進出するなどして事業展開を目指す動きが出てきていた。

こうした状況を踏まえ、我が国においても同様の法的手当てを行うことが、国内外の企業にとっての予見可能性を高め、宇宙資源の探査・開発に係る事業を促進すると共に、宇宙産業振興に国家として取り組むとの強い意思を示す意味合いがあると考え、筆者らが議員立法という形で、２０２１年、宇宙資源の所有権を認める「宇宙資源法」を成立させた。

# 第2章

# 諸外国における宇宙産業の経緯と法制度

# Ⅰ　各国の宇宙政策と宇宙産業発展の経緯

## 米国

第1章で、米国の宇宙産業の発展の経緯やスタートアップ企業について述べてきたが、米国における民間宇宙産業の発展は、随時制定される法律の整備とそれに伴う政府支援にある。

米国は１９５８年に国家航空宇宙法で「国家航空宇宙局（ＮＡＳＡ）は最大限可能な限度まで宇宙空間の最も完全な商業利用に努め、これを奨励することが必要である」との議会宣言を発出した。商業打上げについては、「改正商業宇宙打上げ法」（最新は２０１０年）において、宇宙技術の民間での応用が商業的及び経済的活動の著しい水準に達し、将来的に、特に合衆国における成長の可能性を提供し（第５０９０１条⑵）、商業打上げ機、再突入機及び関連業務の開発は、合衆国が自国の国益及び経済的な福祉に貢献しながら、自国の競争的な地位を保持することを可能にする（同条⑸）、特に、打上げ場、再突入地点及び補足的な施設、及び打上げ場と再突入地点支援施設を含む宇宙輸送関連基盤施設の設置による宇宙関連活動への民間部門の参加を奨励しかつこれを容易にすることへの州政府の参加は、国益になり、かつ、著しい公益となる（同条(9)）、として国益の観点から国は民間による打上げ、再突入事業を推奨すると共に、その運営と安全について規制すること、としている。

リモートセンシングについても法整備をした上で民営化を推進している。１９６２年に「通信衛星法」、１９８４年に「陸域リモートセンシング商業化法（１９９２年廃止）」を、１９９２年に「陸域リモートセンシング政策法」が制定され、ランドサット計画の運営機構の設立、国の役割や責任の明確化、未処理データの扱い、データの保管方法、データ運用や処理の民間委託、商業利用等について規定されている。

１９９８年には「商業宇宙法」を制定し、その後の改正を経た現在の条文によると、ＩＳＳ建設の第一の目的は地球軌道空間の経済的開発であるとされている。ＮＡＳＡは、宇宙の商業利用を促進し、ＩＳＳの有用性及び生産性の最大化と、乗員輸送及び乗員救助業務を提供する商業的な手段を実現すること、また議会は２００８年国家航空宇宙局権限法（Public Law 110-422, 122 Stat. 4783）第101条(3)(A)に基づいて資金援助をすることが規定されている（第５０１１１条）。

さらに、世界中で利用されているＧＰＳを国際標準として確立すること（第５０１１２条）、ＮＡＳＡやその他の連邦機関が宇宙科学データやリモートセンシングデータを商業的提供者から取得できるとしている（第５０１１３条、第５０１１５条）。

一例として、ＮＡＳＡ、米国地質調査所（ＵＳＧＳ）、米国海洋大気圏局（ＮＯＡＡ）が、ＮＡＳＡ開発の衛星を運用して、雲・地球放射観測、大気温湿度、陸面・海面温度、降水量などを観測しているが、ＵＳＧＳや米国国家地球空間情報局（ＮＧＡ）は、民間衛星データも購入している。

特に高分解能の画像データ用の衛星については、民間（GeoEye 社の IKONOS や GeoEye、DigitalGlobe 社の QuickBird や WorldView）が主体となって開発・運用し、２００２年には政府と画像データ購入契約を締結しており、２００３年以降は、政府による次世代衛星の開発費や画像データの長期購入保証などの支援もなされている。

ＮＡＳＡによる民間部門の技術利用の奨励、またＮＡＳＡの技術の民間部門への移転（スピンアウト）の奨励を重視するとし（第５０１１６条）、連邦政府はその活動上、宇宙輸送サービスが必要な場合は、必ず米国の商業的供給者から宇宙輸送サービスを取得するものとし、連邦政府は、利用できる最大限まで米国の商業的供給者の宇宙輸送サービス能力に便宜を図るべく、ミッションを立案するものと規定されている（第５０１３１条）。

このように、米国においては民間技術を積極的に活用する法整備が民間の宇宙産業の発展に大きく寄与したと言っても過言ではない。政府の支援や政府調達、特に第５０１３１条の規定が、民間事業者による開発を推進させた効果（予見可能性を高めた）は大きいものと考えられる。

また、米国では宇宙空間における発明の取扱いについても米国特許法第105条で規定されている。

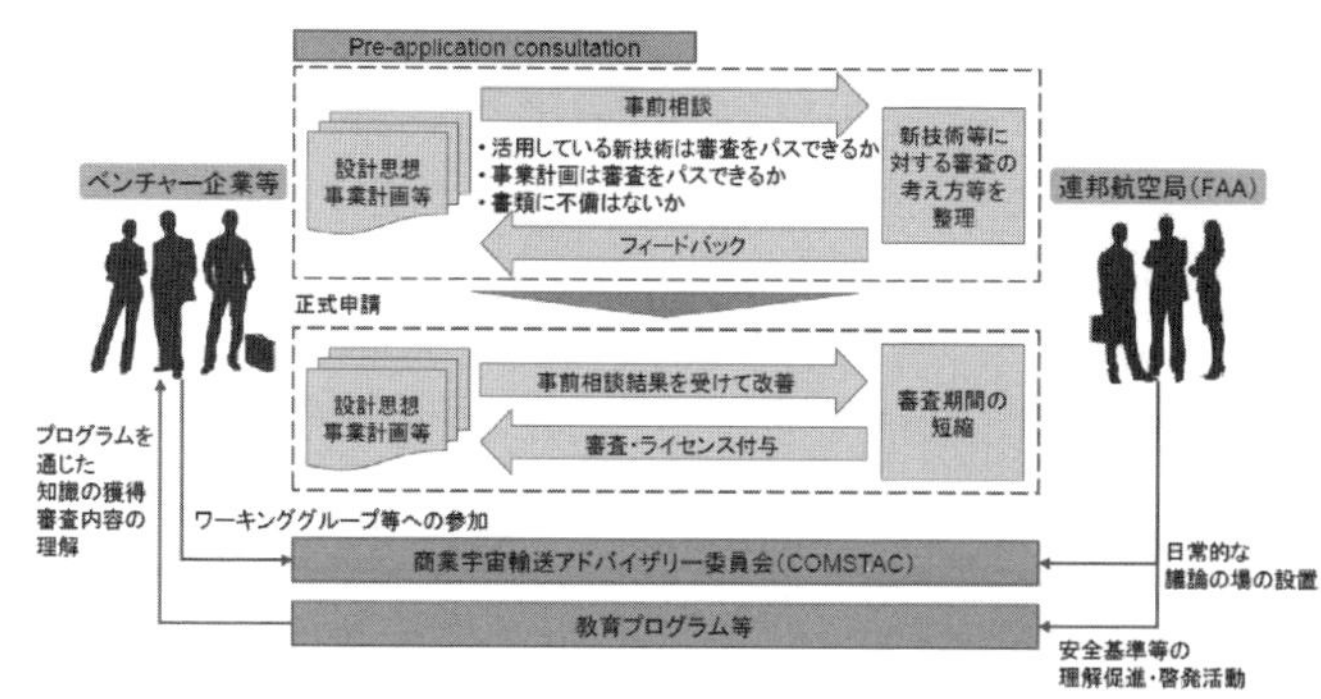


（出典：野村総合研究所「宇宙ビジネスを支える法制度」）

図１：FAAによる民間企業への支援策の例

米国の管轄又は管理の下にある宇宙物体又はその構成要素に関する発明は、米国内で行われたものとみなされ、これは、宇宙物体の登録国が米国である場合に限らず、他国の登録であったとしても、実質的に米国の管轄又は管理の下にあれば適用されることになる。

法制度以外でも連邦航空局（ＦＡＡ）の下に多くの支援策がある。「Pre-application Consultation」では、民間企業が打上げ許可を申請する前に、ＦＡＡの審査基準に適合しているか否かを相談できる仕組みがある。これにより双方にとって早い段階で民間企業の計画内容を知ることができると同時に、正式申請後の審査期間を短縮することが可能となる。また、ＦＡＡには「商業宇宙輸送アドバイザリー委員会（ＣＯＭＳＴＡＣ）」で政府と産業界の情報交換の場が設けられているほか、安全な打上げ等に関する教育プログラムが用意されるなど、民間企業に対するルール整備と審査だけでなく、宇宙産業を推進・発展させるためのシステムが構築されている（図１）。

## フランス

１９６５年にディアマンロケットにより世界で３番目の衛星打上げ国となって以降、ディアマンB、ディアマンBP－４等を開発し、地球観測衛星の打上げに成功した。一方で欧州ロケット開発機構が進めていた欧州ロケットは失敗を繰り返していたことや開発計画が重複していることなどの問題があった。また、イギリスやドイツは、打上げを米国に依存していたため、米国から商用利用制限等を課されることから、フランスが提唱していた衛星打上げの自律化を目指すこととした。欧州が単一の宇宙機関を設立することを決定した３年後の１９７５年に、欧州10か国から成る欧州宇宙機関（ＥＳＡ）が結成され、加盟国が共同開発したアリアンロケットが１９７９年12月、初打上げに成功した。その後、アリアンロケットの打上げを管理・運用するために欧州12か国53社が出資して、１９８０年ロケット打上げ専門の Arianespace が設立された。

アリアンロケットは、大型衛星を静止軌道に投入する能力を持っていることから、当時最も需要の多かった静止軌道への通信・放送衛星の投入という商業打上げ市場の50％以上を獲得した。また、近年、衛星コンステレーションの構築等によりロケット打上げサービスの需要が高まっている中で、

２０２１年８月にOneWeb LLCの通信衛星34基、12月に36基が展開されたが、その打上げを請け負ったのもArianespaceである。

１９９０年代以降、宇宙の商業利用が本格的に開始されると共に、各国で独自の国内法が整備されるようになったが、フランスではＥＳＡの枠組みの中で国内法を定めることなく活発な商業利用を進めていた。しかし、２０００年以降、「打上げ国」概念の標準化が進む中で、フランスも２００８年「宇宙活動に関する法律」（宇宙活動法）を制定した。

この法律は、①宇宙活動のための許可、②宇宙物体の登録、③損害賠償の取扱い等を規定し、軍事ではなくあくまで商業利用のための打上げサービスに特化したものである。特筆すべきは、宇宙空間でなされた知的財産の取扱いについて、フランスの知的財産法に追加する形で、フランスの管轄権が及ぶ宇宙物体上、その内部を含む宇宙空間で発明され、又は利用される発明について、知的財産法が適用される点であること、また、リモートセンシングデータの取扱いについても規定されていることが特徴として挙げられる。

地表・海洋観測については、フランス国立宇宙研究センター（ＣＮＥＳ）が運用する、フランス、ベルギー、スウェーデンが共同開発したSPOT（Satellite Pour l'Observation de la Terre）シリーズをはじめ、Pleiades衛星、SMOS衛星、Sentinel衛星がある。Airbus Défence And Spaceが開発したPleiadesシリーズでは、Pleiades 1A、1B及びPleiades Neoの3号機、4号機が昨年打ち上げられ、４機体制の衛星コンステレーションを構築した。

１９８６年にSpot ImageがＳＰＯＴによる商業リモートセンシングを開始したが、２００８年の宇宙活動法でリモートセンシングデータの取扱いについて規制されるまで国内規制はなく、契約のみで行われていた。

宇宙活動法で規定されたリモートセンシングに関する内容は、①データを取り扱う（リモートセンシングを行う）ためには事前に許可が必要であること、②政府はフランスの基本的利益を保護するためにその許可を取った事業者に対して制限をかけることができること、③違反者には罰金が科せられること、となっている。

その後、詳細を定めるため２００９年に「リモートセンシング政令」が、２０１３年に政府の管理体制を定める政令と、商業リモートセンシングを開始する際の手続きを定める行政指令が出された。

**ドイツ**

２００７年「高解像度リモートセンシングデータの展開によるドイツ政府へのセキュリティリスクに対する防衛のための法律」が制定された。

これは、2002年国内初のリモートセンシング衛星テラサーXの開発契約をEDAS Astriumと締結後、テラサーXから得られるデータの取扱い等を検討する中で、それらのデータがドイツの安全保障に密接に関わることから、衛星の打上げまでに法律を整備する必要があったこと、それに加えて、高性能衛星システムを構成する重要部品が米国製であることから、米国の輸出管理との関係上、国内法の整備が必要であったためである。

また、本法制定により、関連企業の法的安定性の確保とリモートセンシング市場における産業発展への期待もあった。

本法の特徴は、①許認可要件として、システム運用者、データ配布者ともに関係者以外からの閲覧の保護や安全審査法に基づく関係者のセキュリティ審査があり、②許認可事業者の義務として、システム運用者には運用記録と5年間の保管義務、政府要請に応じた情報提供義務、データ配布者には2段階の機微性の審査（データの情報に加え、照会者の本人確認、データに接する人物の現住所を含めた確認等）義務が課されていることである。

本法成立により、ドイツは世界で3番目に欧州初のリモートセンシングの国内法を持つ国となり、同年テラサーXの打上げも成功し、翌年から運用が開始された。

ドイツは2010年「ドイツ連邦政府の宇宙戦略」を策定し、その特徴は、①利益とニーズを重視、②社会インフラとしての宇宙利用を重視、③ハイテク戦略、イノベーション戦略としての宇宙、として産業政策が重視されている。

ドイツ連邦政府機関であるドイツ航空宇宙センターはスタートアップ企業向けにコンペを行い、ＥＳＡの「商用宇宙輸送サービス・サポート（C-STS）プログラム」の枠組み等を利用したスタートアップ支援のプログラムを用意し、実際に２０２０～２０３０年に１万５千基もの小型衛星が打ち上げられるとのことである。

さらに、ドイツ産業連盟は２０２１年12月に「新宇宙イニシアチブ」を発足した。これは、衛星データの重要性に鑑み、宇宙関連企業とデータを実際に活用する企業の協業により、ドイツの競争力を維持・拡大することを目的としている。宇宙関連企業としては、Airbus Défence And Spaceなどの航空宇宙関連大企業のほか、衛星技術関連企業、スタートアップ企業が、またデータを活用する企業としては、スタートアップ企業のほか、機械製造業、ソフトウェア会社、保険会社、自動車産業や電気・電子産業の団体が参加している。

## イギリス

イギリスの多国籍企業 Virgin Group のリチャード・ブランソン会長が設立した Virgin Galactic が２０２１年に民間人を乗せて初の宇宙旅行を成功させた。

イギリスは射場を持たない一方で、多くの衛星運用を行っていることから、イギリス国民の海外での活動、イギリスに本社を置く企業の活動、すなわち宇宙物体の打上げ・運用及び宇宙空間での活動に関して宇宙活動法（１９８６年）を制定した。２０１７年、エリザベス女王が商業衛星を含む宇宙の新産業においてイギリスが世界のリーダーに留まるための立法を行うとの演説をし、翌年、宇宙活動法の内容を拡充した宇宙での商業活動の拡大及びイギリスの宇宙港事業に関する規制の枠組みを定めた法律「宇宙産業法」が制定された。具体的には、「宇宙活動」と「準軌道における活動」からなる「宇宙飛行活動」に関する規制の枠組みである。準軌道における活動とは、宇宙観光を目的として成層圏には到達するが、地球を周回することなく地表に戻ってくる活動を意味する。まさに、冒頭述べたVirgin Galacticの宇宙旅行がこれに当たる。

イギリスの宇宙政策は、２０１４年に策定された「Space innovation and Growth Strategy 2014-2030」（２０１５年に改正）に基づいており、２０３０年に４００億ポンドにのぼる宇宙関連産業市場の10％を確保するという目標を立てている。

この戦略は、①高付加価値が期待できる市場分野を選択し、リソースを集中させること、②ダウンストリーム分野への投資を促進するために、規制緩和など投資環境の整備を進めること、③欧州の大規模プログラムで重要な役割を果たせるようＥＳＡ分担金の拡大を進めること、④輸出市場のシェア拡大を目指し、他国との協力関係を深め、輸出市場でのイギリスの競争力を高めること、⑤

財務、ビジネス、産業の分野で中小企業支援を強めることを基本方針としていることからも、民間による宇宙産業発展の推進、特に輸出産業を育成する意図が分かる。

## 欧州

欧州の測位衛星ガリレオは、２０２１年12月の２機打上げ成功により28機体制となった。２０１６年からサービスを始めているが、これは地球全体をカバーし、位置及び時間特定を可能とする独自システムであり、米国のＧＰＳと比較しても精度に遜色はない。

ガリレオ衛星は、主として欧州の多国籍企業であるOHB System社が担っている。また、地球観測プログラムである「コペルニクス」は、全６機の衛星のうち、既に４機が打ち上げられており、２０１４年から地表監視、海洋環境監視、大気空間監視、気候変動、危機管理及び安全保障の六つの分野でサービスを開始している。コペルニクスで使用される衛星（センチネル）は、Thales Alenia Space、Airbus D&S、Jena-Optronik等の民間企業の参画で製造された。さらに欧州委員会では、コペルニクスで得られるデータを利活用して新しいサービスや製品を生み出すために「コペルニクス・スタートアップ・プログラム」を立ち上げてスタートアップ支援の仕組みを作っている。

## カナダ

カナダは１９６２年にカナダ独自で設計・製造されたカナダ初の人工衛星アルエットの打上げに成功した。米ソに続く3番目である。１９７２年には、静止軌道上に通信ネットワーク（Anik-A1）を世界で初めて構築し、１９８９年にはカナダ宇宙庁（ＣＳＡ）が設立され、射場を持たない一方で、人工衛星やＩＳＳの建設及びメンテナンスに必要なロボットアーム「Canadarm」などを製造する、宇宙開発の先進国でもある。２００５年に「リモートセンシング宇宙システムの運営を律する法律」を制定する前から、前述した通信衛星のほか、宇宙望遠鏡、大気観測衛星、商用地球観測衛星を、さらには、２０１３年に光学偵察衛星のような安全保障目的の人工衛星も打ち上げた。

２０１７年に発表された「CANADA'S SPACE POLICY FRAMEWORK」では、カナダの宇宙政策の5原則が示された。その中で「宇宙活動の最前線に民間企業を位置付け」とし、政府は、国内宇宙産業のイノベーションの支援や産業界の活用を謳っている。

## 中国

２０２１年12月に米国宇宙軍のデービッド・トンプソン作戦副部長が「中国が米国の2倍の速度で宇宙での能力を構築し、向上させており、米国が開発速度を加速させ始めなければ、２０２０年代末までに中国が米国を追い越す」という旨の発言をしたとの報道があった。

中国の宇宙開発は１９５０年代から始まり、１９７０年には世界で5番目となる人工衛星の打上げに成功、２００３年には有人宇宙飛行に成功した。

中国は、２００３年月探査プロジェクト「嫦娥（じょうが）計画」を開始した。これは、無人機による月探査から始めて、最終的には人の月面での長期滞在を目指すという壮大な計画である。２００７年以降、無人探査機により、月面表土調査、月面全体の高精細な画像撮影、そして嫦娥3号は月面着陸に成功し、月面探査車により2年半かけて月面調査を行った。２０１８年に打ち上げられた嫦娥4号は、月の裏側に着陸し、それに先立ち打ち上げた通信を中継する衛星を使って通信を行うなど、世界が驚くほどの成果を挙げている。さらに２０２０年に打ち上げられた嫦娥5号は、月のサンプルリターンを成功させている。

２０２０年には、火星探査機の打上げにも成功し、２０２１年以降、火星探査車による映像が公開されるなど、技術的にもＮＡＳＡとほぼ同レベルに達しているのではないかと思われるほどである。

その中で最も衝撃的だったのが、２０１６年に中国が「量子科学衛星」を打ち上げ、量子暗号通信網を築いたことである。「量子時代のスプートニク・ショック」とも言われる。まさに通信技術の開発分野で中国が世界のトップに立ったといっても過言ではない。

２０２１年、中国はロシアと共に「国際月面研究基地」建設の計画を協力して行うという政府間合意をした。２０３０年までに建設を開始し、２０３５年までに資源調査を実施し、２０３６年以降に長期滞在できる基地を設置する予定である。

# 各国の宇宙資源開発の法制度と現状

宇宙資源の商業的な探査・開発に関する法制度については、世界で初めて米国の「商業宇宙打上げ競争力法」のタイトルⅣ「宇宙資源探査利用」（"Space Resource Exploration and Utilization Act of 2015"）で制定された。「小惑星資源又は宇宙資源の商業回収に従事する米国民は、米国の国際的義務を含む適用法に従って入手した小惑星資源又は宇宙資源の保有、所有、輸送、使用及び売却を含め、入手した小惑星資源又は宇宙資源に対する権利を有するものとする」と規定された（第５１３０３条）。ここでいう「資源」とは小惑星の上、又は中で発見された、宇宙空間の場にある水、鉱物等の非生物資源を意味している。

本法成立の翌年に月探査許可を得たMoon ExpressやPlanetary Resources（後にConsenSysに買収）などが月探査、資源開発を目指しているが、本書執筆時点ではまだ成功には至っていない。

ルクセンブルクは、１９８５年に設立された通信衛星会社ＳＥＳのアンカーテナンシーに政府がなることで、通信事業が拡大すると共に関連事業者及び宇宙ビジネスに関わる企業なども集まるなど宇宙産業のエコシステムができあがっている。ただし、現在でもルクセンブルク政府はＳＥＳの株式の一部（種類株式を利用し、議決権の1／3を確保）を保有しており、単なるアンカーテナンシーにとどまらない。また、データイノベーションストラテジーの公表等、最先端事業への取組みも進める中で、通信事業の次の事業として宇宙資源事業への挑戦を決定した。そこで経済振興と宇宙探査拡大のため「Space Resources Lu」イニシアティブを立ち上げ、宇宙資源探査を国家の重要施策として位置づけ、２０１７年に「宇宙資源の探査及び利用に関する法律」を成立させ、第1条に「宇宙資源は割り当てることができる」とした。

２０１８年、ルクセンブルク宇宙局が発足し、法整備だけでなく、政府の宇宙資源開発への支援体制や最先端技術のビジネス環境等を整備することにより、ルクセンブルクは世界各国から企業、研究機関等が集まる宇宙ビジネスの拠点となっている。日本の ispace もその一つである。

２０１７年、ルクセンブルクとＵＡＥは、宇宙資源の探査と活用に重点を置いた宇宙活動に関する二国間協力を開始する覚書（ＭＯＵ）を締結した。この協力合意は、宇宙科学技術、人材育成、宇宙の政策、法律、規制の分野において、両国間で情報と専門知識を交換し、さらに他の国々と共に宇宙資源の活用に関する将来の統治計画と世界的な規制の枠組みを推進するものである。

さらに、ＵＡＥも２０１９年宇宙活動を包括的に規制する法律が制定され、その中に宇宙資源の探査、開発、利用を許可制とする規定が盛り込まれた。２０２０年ＵＡＥは無人探査機「ＨＯＰ

Ｅ」を打ち上げ、翌年火星周回軌道に投入した。月探査については、２０２４年までにアラブ諸国初の月面探査車の打上げを目標とし、国家の総力を挙げて計画を進めている。

中国は、２００１年に宇宙物体登録管理弁法を制定し、①宇宙活動に関する国の管理の強化、②宇宙物体登録制度の確立、③打上げ国としての権利・利益の保護、④宇宙物体登録条約の締結国の義務を有効に履行すること、の4点を規定している。

２００２年の「民生用宇宙飛行打上げプロジェクト許可証管理暫定弁法」は中国の宇宙活動法であり、民生目的で中国国内の衛星などを打ち上げる行為、又は中国の会社などが持つ宇宙機を国外で打ち上げる行為を実施するための許可制度や監督制度を規定している。

中国宇宙白書２０２１では、２０１６年以降中国の宇宙飛行が革新的発展の急成長の段階に入ったとし、成果として北斗グローバル衛星測位システムや高分解能地球観測システムなどの宇宙インフラの建設が着実に進んだこと、月探査プロジェクトが成功したこと、中国の宇宙ステーションの建設が始まったことなどを挙げ、輝かしい成果を上げたとしている。

技術面でも欧米に引けを取らなくなっているが、ロケットの打上げ回数をみても２０１８年には39回（米国31回、ロシア17回）、２０１９年には34回（米国21回、ロシア25回）と2年連続世界一である。これだけの実績があるものの、商業打上げ分野では、中国の場合は国内需要がほとんどであるのが実状である。しかし、先に述べた宇宙ステーション建設、月開発、火星探査は国家プロジェクトである一方で、衛星製造や打上げ装置関連には民間企業が進出してきている。

中国は国家戦略として2030年に米国、ロシアにつぐ「宇宙強国」となることを目指しているが、さらに、中国は2033年に有人火星探査により火星での資源開発を行うことを計画している。それを達成する日は遠くないかもしれない。

今後は宇宙開発の覇権争いも激化することが予想される。

# 第3章

## 我が国の宇宙開発の経緯と法制度

―宇宙基本法から宇宙活動法・衛星リモセン法まで―

# Ⅰ　我が国の宇宙開発の経緯

## ペンシルロケットで国際社会復帰

終戦から10年経った１９５５年、東京大学生産技術研究所の糸川英夫教授グループが固体燃料ペンシルロケットの水平発射実験を成功させたことで、日本の宇宙開発の歴史の幕が開いた。全長僅か23㎝という超小型ロケットではあったが、その意味合いは大きく、戦後の日本が国際社会への復帰を果たす上で、大きな一歩を踏み出すきっかけとなるものであった。

その頃、世界の科学者の間で、高層気象や地磁気、夜光、オーロラ、電離層、太陽活動など12の分野の物理現象を、国際社会で協力して観測するという計画「国際地球観測年（ＩＧＹ）」（実施は１９５７年７月～１９５８年12月）が提唱されており、日本は国際社会への復帰を果たすため、計画への参加を模索していた。しかし、終戦直後の日本が他の参加国に受け入れられるためには日本独自の強みがなければならなかったため、糸川グループの観測ロケット技術には大きな期待がかかっていた。そうした期待を受けて、糸川グループはペンシルロケットに改良を重ね、ようやく観測ロケット「カッパ６型」の打上げを成功させたのが１９５８年であった。日本は、その上層大気の風・気温等の観測データを持って、実施期間も残すところ３か月となっていた１９５８年９月に、正式にＩＧＹに参加することとなった。この期間中に自力で観測ロケットを打ち上げたのは、米ソの他、イギリスと日本だけであった。

糸川グループはさらに、カッパ６型が、あくまで高度60㎞上空までロケットを打ち上げただけであったため、次の目標を地球周回衛星に定め、１９６２年10月には、ペイロード30㎏の人工衛星を打ち上げることを目標とした「人工衛星計画試案」をまとめた。そして紆余曲折を経た１９７０年２月11日に、ラムダ４Ｓロケットによる日本初の人工衛星「おおすみ」の打上げを成功させた。これにより、日本はソ連、米国、フランスに次ぐ世界で４番目の人工衛星打上げ国となった。しかし、ソ連が１９５７年に世界初の人工衛星スプートニクを、米国が１９５８年エクスプローラーを成功させてから10年以上経過しており、さらにはアポロ11号でアームストロング船長が人類として初めて月面に降り立った半年後のことだったように、他国に比べ宇宙開発が遅れていることは明らかであった。

## 独自開発戦略から日米協調戦略への転換

それでもこの頃までの日本は、何とか自らのロケットで自らの人工衛星を打ち上げることを主要目標として取り組んでいた。しかし、１９６７年、佐藤・ジョンソン会談で日米宇宙協力の拡大についての合意、次いで１９６９年７月の「宇宙開発に関する日本国とアメリカ合衆国との間の協力に関する交換公文」（日米交換公文）についての署名により、日本の宇宙開発の戦略は独自開発から一転して、一定の条件の下での米国からの技術導入による宇宙技術開発に転換した。二国間の技術的格差に加え、政治外交的思惑も考慮した戦略であった。しかも、この頃から、気象庁、ＮＨＫ、電信電話公社（当時）など宇宙を利用しようとする諸機関から要求が出されるようになり、それに基づいて開発が進められるといった、利用と開発の両輪がうまくかみ合うようになり、日本の宇宙開発能力が急速に伸長したことは事実である。

「宇宙開発に関する日本国とアメリカ合衆国との間の協力に関する交換公文」（要約）

①　日本に移転された機器又は技術は平和目的のためにのみ使用されることを確保すること。

② それを無断で第三国に輸出しないこと。
③ アメリカの協力によって開発され、または打ち上げられた通信衛星は、現行のインテルサット取決めの目的と両立するよう使用すること。
④ アメリカの技術援助を得て開発したロケットを用いて、アメリカに無断で他国の衛星を打ち上げないこと。
⑤ 供与される技術は、ソー・デルタ・ロケット・システムの水準までの秘密でない技術及び機器を対象とする。

※④はH―Ⅰロケットの開発に関する口上書に記載された内容。

一方で、この日米交換公文の条項からも読み取れるように、当時は米ソ冷戦構造の中で両国が熾烈な宇宙開発競争を戦っていた。そうした時代背景の中で、糸川グループのカッパロケットが、ユーゴスラビア（１９６３年）やインドネシア（１９６５年）に輸出された際には、ミサイル開発に転用されたのではないかとの指摘がなされた。これを受けて、佐藤栄作総理（当時）は１９６７年に武器輸出３原則を打ち出した。すでに、１９５５年に成立していた原子力基本法では、デュアルユース性を持つ原子力利用について平和利用原則が定められた。こうした考え方も相俟って、宇宙の平和利用に関する議論が、その後の国会でも多くなされるようになっていた。

## 世界で稀なる宇宙平和利用国会決議

前述の日米交換公文の締結2か月前の宇宙開発事業団法の審議において、第1条に「平和の目的に限り」という文言が加えられた。その解釈を巡り、「非軍事」なのか、「非侵略」なのか、あるいは「非攻撃」なのか等、様々な議論が行われた。現在では、国連においても国際条約においても、宇宙平和利用の考え方は「非攻撃的目的での利用」とされるが、当時の日本の公式見解では「非軍事」とされた。同年、国会でも「非軍事」であることを国内外に示すために、「わが国における宇宙の開発及び利用の基本に関する決議（いわゆる「宇宙の平和利用に関する国会決議」）」（以下、国会決議）がなされた。

「わが国における宇宙の開発及び利用の基本に関する決議」

わが国における地球上の大気圏の主要部分を超える宇宙に打ち上げられる物体及びその打上げ用ロケットの開発及び利用は、平和の目的に限り、学術の進歩、国民生活の向上及び人類社会の福祉をはかり、あわせて産業技術の発展に寄与するとともに、進んで国際協力に資するためこれを行なうものとする。

さらに１９８５年には、国会決議の「平和の目的」と自衛隊による衛星利用について、「その利用が一般化している衛星及びそれと同様の機能を有する衛星」に限るとの政府見解が出された。宇宙条約の第４条は、「核兵器及び他の種類の大量破壊兵器を運ぶ物体を地球を回る軌道に乗せないこと、これらの兵器を天体に設置しないこと並びに他のいかなる方法によってもこれらの兵器を宇宙空間に配置しないこと」「天体上においては、軍事基地、軍事施設及び防備施設の設置、あらゆる型の兵器の実験並びに軍事演習の実施は、禁止する。科学的研究その他の平和的目的のために軍の要員を使用することは、禁止しない」との規定であって、宇宙空間や天体でのあらゆる安全保障上の活動の全てを禁止したものではないことからもこの国会決議が、国際的基準に照らすと、特異なものであることが分かる。

本国会決議により、２００８年に「宇宙基本法」が成立するまでの間は、安全保障に資する高性能な衛星を事実上、打ち上げることも利用することもできなくなったのをはじめ、その後の日本の宇宙開発の進展を阻むものになったと言わざるを得ない。

## 日本が宇宙関連法整備をしてこなかった理由

一方で、前述したＩＧＹによる各国の人工衛星打上げ成功を機に、米国のアイゼンハワー政権は、国際宇宙協力の推進を主導することで宇宙空間の平和利用に向けた国際的リーダーとしての米国の立場を強化した。また宇宙空間の利用を巡る国際秩序を米国に望ましい形で形成していくために、国連に「宇宙空間の平和利用と国際協力の推進について検討を行う委員会」の設立を提案し、１９５８年、国連総会決議１３４８（XIII）で「国連宇宙空間平和利用委員会（ＣＯＰＵＯＳ）」が臨時で設置され、翌年には常設委員会となった。

ＣＯＰＵＯＳでは、まず、１９６６年に宇宙条約を採択し（１９６７年10月10日発効、日本も批准）、その後、１９６７年に宇宙救助返還協定、１９７１年に宇宙損害責任条約、１９７４年に宇宙物体登録条約を採択した。これら４条約は宇宙関係条約と呼ばれるものであるが、この時点で日本は、宇宙条約以外の３条約には加盟しなかった。その理由としては、加盟の必要性が乏しいという判断と共に、先に述べた「宇宙の平和利用」を「非軍事」と解釈してきた経緯から、これらの３条約の国会承認手続きで議論が再燃することになれば、将来の宇宙政策に禍根を残す可能性があると判断されたためだと言われている。

いずれにせよ、国会決議以降、日本は科学探査及び民生目的の宇宙開発・利用に専念することになる。日本初の人工衛星となった実験衛星「おおすみ」（1970年）以降、「しんせい」（電離層、宇宙線、短波帯太陽雑音等の観測）、「でんぱ」（プラズマ波、プラズマ密度、電子粒子線、電磁波、地磁気等の観測）、「たんせい2号」（ロケットの性能試験と衛星についての工学的試験）、「たいよう」（太陽軟X線、太陽真空紫外放射線、紫外地球コロナ輝線等の観測）、「たんせい3号」（ロケットの性能試験と衛星についての工学的試験）、「じきけん」（電子密度、粒子線、プラズマ波等の観測）、「きょっこう」（プラズマの密度・温度・組成、電子エネルギーの分布、地球コロナ分布等の観測、オーロラの紫外線撮像）、「はくちょう」（X線星、X線バースト、超軟X線星雲等の観測）、「たんせい4号」（ロケットの性能試験と衛星についての工学的試験）と、立て続けに毎年打ち上げられ、これらの観測成果は世界的にも評価された。

さらに、米国からの技術導入で開発したロケットにより、1975年には「きく1号」（打上げ技術、衛星の軌道投入・追跡及び運用技術など習得用）、1977年には「きく2号」（静止衛星の打上げと追跡管制技術、軌道保持、姿勢保持技術などの習得、通信機器の宇宙環境での機器試験）の打上げに成功し、日本初の静止衛星となった。また、1977年～1978年にかけては、実用静止衛星「ひまわり」「さくら」「ゆり」がNASAの射場から打ち上げられ、米ソに追いつかんばかりの勢いで、技術の進展がみられると共に、科学技術研究目的に留まらず、気象、通信、放送の各分野での宇宙利用が始まった。

このように宇宙活動が活発になる中で、１９６８年には総理府の下に宇宙開発委員会が設置された。そして、宇宙３条約への未加入状態をこのまま続けるべきではないとの判断に至り、そのための国内法整備について検討するため、宇宙関係条約特別部会が設置された。しかし、１９７７年６月に取りまとめられた「宇宙関係条約の締結に当たって必要な国内法令に関する基本事項について（報告）」では、①私企業による人工衛星等の打上げが近い将来において行われる可能性がないこと、②「宇宙物体登録条約」の対象となる衛星の追跡は、宇宙開発事業団（ＮＡＳＤＡ）により一元的に実施されていること、③有人飛行の可能性がないこと、から宇宙３条約の加入のために新たな立法措置は必要ない、との結論が下された。その後、１９８３年３月29日に、将来、既存の法令で対処できない状態となった場合には関係省庁が緊密に協力して必要な立法措置を講ずることを閣議で口頭了解し、国内法を制定することなく、１９８３年６月20日に、宇宙３条約に加入した。

## 国際社会の動向にキャッチアップ

一方米国はスプートニク・ショックへの対応として、本格的に宇宙開発を進める体制の構築に乗り出す。１９５８年に制定された国家航空宇宙法によってＮＡＳＡを設立すると共に、その活動を民生宇宙活動の実施に限定し、防衛目的の宇宙活動は国防省が責任を持つこととするなど、米国の宇宙活動の基本原則が定められていった。

ＮＡＳＡの当初の任務は、①航空宇宙活動を計画し、監督し、実施すること、②航空宇宙機の利用によって行われる科学的測量及び観測の立案にあたって科学界による参加の措置を執り、このような測量及び観測を実施し又はその実施の措置を執る、③自己の活動及びその成果に関する情報の可能な限り広範かつ適当な配布の措置を執る、の3点であった。その後の1990年に、宇宙の本格的商用利用に向けて、④最大限可能な限度まで宇宙空間の最も完全な商業利用に努め、これを奨励する、⑤連邦政府の要件に適合する、商業的に供給された宇宙業務及びハードウエアの連邦政府による利用を奨励し、かつ、当該利用の措置を執る、の2項目が追加された（米国国内法「1958年国家航空宇宙法」第20112条　機関の機能より引用）。これにより、米国における宇宙開発の推進体制が整った。

さらに米国は、私企業が運営する世界商業通信衛星組織の設立を目指し、1962年には通信衛星法を策定し、営利目的の特殊法人通信衛星会社「コムサット」を設立した。その2年後には、「世界商業通信衛星組織の暫定制度」（インテルサット暫定制度）が設立され、後の1973年に恒久的制度としてのインテルサットとなり、世界初の商業活動を行う国際組織となった。さらに米国は宇宙機打上げ用ロケットの商業化を図るため、商業宇宙打上げ法を陸域リモートセンシング商業化法（後に陸域リモートセンシング政策法）と共に成立させ、打上げに対する許認可制度や損害賠償責任保険契約の締結義務付けなど、具体的なルールを整備していった。日本が宇宙の利用拡大を目的として体制整備を図った宇宙基本法の成立より20年以上も早い１９８４年のことである。

一方、損害賠償責任については、既にフランスが１９８０年のアリアン宣言によって、アリアンスペース社の損害賠償責任を政府が分担する枠組みを構築しており、１９８４年に打上げに成功してから事業を本格化させ、全世界の商業衛星打上げの50％以上のシェアを有するようになっていた。これを受けて、米国でも１９８８年に商業打上げ法を改正し、損害賠償保険でカバーできない損害を政府が補償する枠組みを確立した。これが世界標準となり、米国をはじめ各国においても、民間企業による人工衛星等の打上げ事業参入が活発化していった。

商用宇宙利用が各国で活発になる中で１９８０年代以降、各国は宇宙条約第６条に従って民間宇宙活動のための国内法整備を進めた。

「宇宙条約第6条」

条約の当事国は、月その他の天体を含む宇宙空間における自国の活動について、それが政府機関によって行なわれるか非政府団体によって行なわれるかを問わず、国際的責任を有し、自国の活動がこの条約の規定に従って行なわれることを確保する国際的責任を有する。月その他の天体を含む宇宙空間における非政府団体の活動は、条約の関係当事国の許可及び継続的監督を必要とするものとする。国際機関が月その他の天体を含む宇宙空間において活動を行なう場合には、その国際機関及びこれに参加する条約の当事国の双方がこの条約を遵守する責任を有する。

宇宙条約第6条にいう「自国の活動」とは、自国領域内の活動（領域的管轄権）、自国領域内外での自国民の活動（属人的管轄権）、自国が登録した衛星や宇宙ステーションなどの宇宙物体やその中の個人の活動（準領域的管轄権）であると考えられており、これらの活動は民間が行ったものであっても国家が直接的に国際責任を持つものとされた。すなわち、前述の宇宙関係条約の国内履行のための許可と継続的監督を、各国が国内法で整備することが想定されたもので、実際にイギリスは１９８６年に「宇宙法」、ロシアは１９９３年に「ロシア連邦宇宙活動法」、オーストラリアは１９９８年に「宇宙活動法」、韓国は２００５年に「宇宙開発振興法」などを制定し、各国はその上で宇宙産業の促進、民間事業者の参入促進など、条約の規定以外の項目についても必要とする範囲で国内法を整備していった。

一方、我が国では、前述の通り「宇宙活動法」自体も未整備であったばかりか、国会決議の縛りから逃れられずにいた。もちろん、この国会決議の果たした歴史的な役割を否定するものではなく、むしろ科学探査に専念できたことは良かったともいえる。しかし、商業利用や安全保障利用によって宇宙利用開発を推進しなければ、技術や産業育成という観点からも諸外国に後れをとることは必至であった。このように国際社会の動向も相俟って、日本でも、ようやく本格的な宇宙利用開発のための法整備の機運が高まっていった。

# Ⅱ　我が国の宇宙関連法整備の経緯

## 本格的な宇宙利用開発体制の確立

日本の国会で省庁再編が大きな議題となっていた２００１年、総理府に置かれていた宇宙開発委員会は、文部省（当時）の審議会として改組された。この宇宙開発委員会が所管する宇宙開発事業団（ＮＡＳＤＡ）は、日本の宇宙開発政策を実施する特殊法人であったが、Ｈ－Ⅱロケットの不具合や事故が連続したとの理由で、宇宙開発委員会でその改革について議論がなされた。その結果、日本の主要宇宙３機関であった文部省（当時）の宇宙科学研究所（ＩＳＡＳ）、科学技術庁のＮＡＳＤＡ、及び航空宇宙技術研究所（ＮＡＬ）の統合が決定され、２００３年、ＪＡＸＡが誕生することとなった。これにより、統合的な宇宙政策の実施体制が確立した。

一方で、内閣総理大臣や内閣を科学的知見に基づいて補佐する総合科学技術会議が２００１年に内閣府に設置され、その下の宇宙開発利用専門調査会において宇宙開発利用について包括的な議論がなされた。それから約３年後の２００４年９月に「我が国における宇宙開発利用の基本戦略」が策定された。

この戦略目標は、①国民の生命や財産を守り、我が国の安全を確保するため、宇宙という場の活用を図ること、②国際競争力強化などを通じた宇宙産業の基幹産業化と、宇宙活動を通じた革新的な技術や新たな付加価値とビジネスチャンスの創出により、我が国の経済の活性化に貢献し、国民生活に真の豊かさをもたらすこと、③未知のフロンティアとしての宇宙に関する知識・知見の獲得と宇宙における人類活動の拡大、とされた。すなわち、安全保障、産業、科学技術の３点が打ち出されたものであり、１９６９年の国会決議（P58参照）に拘束されていた日本の宇宙政策から見れば、画期的な戦略であった。

この戦略に基づき、ＪＡＸＡは、宇宙航空の基幹産業化に関する「ＪＡＸＡ長期ビジョン」を策定し、その中で、２０２５年までに世界最高の信頼性と競争力のあるロケットや人工衛星を開発し、安全で豊かな社会の実現に貢献すること、トップサイエンスを推進すると共に、独自の有人宇宙活動や、月の利用への準備を進めること、さらには、マッハ５クラスの極超音速実験機の実証を行うことなど、積極的な姿勢を打ち出した。

宇宙の安全保障上の利用拡大に向けて政府が戦略変更をした背景には、北朝鮮の動向があったと思われる。北朝鮮が弾道ミサイルテポドン1号を実験発射したのは１９９８年であったが、この時、我が国周辺の状況を独自に監視把握できない日本の現状に危機感を募らせた自民党は、独自の情報収集衛星の保有こそが日本の安全保障上の喫緊の課題であるとして、同年、民主党の理解も得て、大規模災害等にも対応できる情報収集衛星の保有を決定した。しかし、1985年に出されていた政府統一見解（P59参照）において、一般民生利用されている機能と同等のものに限られていたため、十分な監視能力を持つことができなかった。

一方で、産業上の利用拡大に向けた戦略変更の背景には、民間宇宙ビジネスの急拡大があった。戦略が策定された2000年代初めまでに、米国のGPSを利用したカーナビ事業や地図ビジネスのほか、衛星放送も始まり、日本通信衛星（現スカパーJSAT）、ドラゴンマジック（現マゼランシステムズジャパン）、ビジョンテックなど、多くの宇宙ベンチャーが生まれていた。しかし、政府による宇宙ビジネスの推進体制は整備されていなかった。

## 宇宙開発利用全般の法的基盤となった宇宙基本法の成立経緯

国会においても、このままでは日本の宇宙開発は立ち遅れるという強い危機感が一部の議員の間で共有されていた。自民党の河村建夫元文部科学大臣は、2005年、宇宙関係3省庁の副大臣を務める議員らと共に「国家宇宙戦略立案懇話会」を立ち上げ、国内外の宇宙開発の状況を踏まえた議論を重ね、同年10月には「国家宇宙戦略立案懇話会報告書～新たな宇宙開発利用制度の構築に向に係るツールとして宇宙技術を有効活用するための行財政改革〜」と題した提言を小泉純一郎総理（当時）に提出した。

これは、科学技術探査に留まっていた宇宙政策を、その枠を超えた国家戦略として、宇宙開発利用の体制整備を抜本的に図り、宇宙をエネルギーや食料安全保障、外交ツール、災害等の社会的安全保障、さらには防衛面での安全保障目的にも利用できるようにすべきである、といったもので、これはまさに２００４年の政府戦略に対する具体的な提案となっていた。

同懇話会は、後に自民党政務調査会の「宇宙開発特別委員会」（現在の「宇宙・海洋開発特別委員会」）に引き継がれ、この委員会において日本の宇宙開発の在り方を見直す議論がなされ、ようやく宇宙政策推進のための法整備が検討されることとなった。最も注目されたのはやはり、「宇宙平和利用」のあり方であった。先にも触れたように、日本では宇宙の平和利用を非軍事と解釈してきたが、これを諸外国と足並みを揃えて「非侵略」とすることで、利用の範囲を広げようとするものであった。しかし、この当時も軍国主義の再来だとの批判があった。また、国家戦略としての宇宙基本計画の策定、内閣総理大臣を本部長とする宇宙開発戦略本部の設置など開発体制についても議論されたが、現状維持を望む有識者や政治家等から批判があった。

その後、宇宙平和利用の解釈を変更して自衛権の範囲での防衛目的の宇宙利用を可能とする議員立法原案が自民党内でまとまり、自民党・公明党の間で協議が始まった。そして、自民党の宇宙基本法案に、公明党が主張した「日本国憲法の平和主義の理念にのっとり」という文言を加えることで最終合意し、２００７年６月に「宇宙基本法案」が両党から衆議院に提出された。翌年の２００８年には民主党との合意が得られたため、最終的には3党共同法案として提出し、日本の宇宙政策元年ともいうべき宇宙基本法が、２００８年５月21日に成立した。

宇宙基本法は、①宇宙の平和的利用（第２条）、②総合的な安全保障（第３条）、③宇宙産業の技術力と国際協力の強化（第４条）、④人類の夢の実現や人類社会の発展（第５条）、⑤宇宙開発利用に関する国際協力、外交等の推進（第６条）、⑥環境への配慮（第７条）、の六つの基本理念と、司令塔として宇宙開発戦略本部の設置を謳っている。特に、１９６９年の国会決議で「非軍事」とされていた「宇宙平和利用」の解釈を、諸外国と同様の「非侵略」とし、憲法の平和主義の理念の範囲内での平和利用に変更したこと、また、民間における宇宙開発に関する事業活動を促進し、技術力と競争力の強化といった宇宙産業の振興を目的としたこと、新たな制度的枠組みを導入したことは、我が国の宇宙開発にとって大きな意義をもたらした。

同法成立後、まず内閣に宇宙開発戦略本部が設置され、翌年、宇宙開発利用に関する施策の総合的かつ計画的な推進を図るため、最初の基本計画が作成された。

さらに、本部の事務処理を内閣府が行うための法整備（附則第２条）、宇宙開発利用に関する施策を推進するための行政組織の在り方の検討（附則第４条）といった宇宙基本法の附則により、２０１２年内閣府に「宇宙戦略室」及び「宇宙政策委員会」が設置され、それに伴い第２次基本計画が作成された。このように、宇宙基本法の成立によって、我が国も本格的な宇宙開発利用体制が整ったが、依然として残された大きな課題があった。

## 宇宙活動法と衛星リモセン法制定の経緯

宇宙基本法が成立した頃には、我が国でも前述した宇宙ベンチャー（Ｐ69参照）のほか、ＱＰＳ研究所、ＰＤエアロスペース、アクセルスペース、スペースシフト、ＡＬＥ、アストロスケール、ispace、インターステラテクノロジズ、インフォステラ、ウミトロン、SpaceBD、Synspective など、有望な宇宙ベンチャーの創業が相次いだ。しかし、宇宙基本法が成立した時点では、こうした宇宙活動を行おうとする事業者の権利や義務の関係を具体的に規定する法律は整備されていなかった。そのため、宇宙基本法の中で、民間事業者の宇宙活動に関する規定や条約などの国際約束を履行するための国内法整備を政府に求め（第35条）、附帯決議でも、同法の施行後2年以内を目途に法整備に努めることとされた。

これを受けて、政府は宇宙開発戦略本部の宇宙開発戦略専門調査会の下に、宇宙活動に関する法制ワーキンググループを設置し、2010年3月に、宇宙活動に関する国の許可・監督、宇宙損害の賠償、宇宙物体の登録及び救助返還並びに宇宙環境の保全等について考え方の方向性を示す「中間とりまとめ」を公表した。アメリカが宇宙での活動を規律する法制度を整備してから既に26年も経過しており、この時点で既に20か国を超える国が宇宙活動法を制定していた。

しかしながら宇宙基本法の制定により安全保障上の宇宙利用について新たな展開が見られるようになった。一定の範囲内で宇宙の安全保障利用が可能になったのを受けて、同年から始まった日米宇宙政策協議では、当初、安全保障分野は除外されていたものの、翌年からは宇宙の安全保障協力も対象とすることが決まり、日米間で宇宙政策の包括的協議を定期的に行うようになった。さらに2013年に我が国で初めて策定された国家安全保障戦略に、情報収集衛星の機能拡充・強化と、国家安全保障に資する宇宙開発利用が謳われ、デュアル・ユース技術を含めた安全保障技術の振興も戦略目標とされた。「平成26年以降に係る防衛計画の大綱について」においても宇宙領域に対処する重要性が強調され、後の2015年に改訂された日米防衛協力の指針（日米ガイドライン）でも、同盟協力の主要なドメインとして宇宙が位置付けられた。

一方で、そうした宇宙の安全保障利用の拡大が民間宇宙ビジネスの急拡大と相俟って、結果的に高分解能、高頻度、高鮮度な能力を有するリモートセンシング衛星が民間により打ち上げられるようになった。それらが逆にテロ行為や犯罪なども含め安全保障上悪用される可能性が生じてきたため、民間リモートセンシング衛星の適切な管理の必要性が指摘されはじめた。

宇宙開発利用に関する施策の総合的かつ計画的な推進を図るための宇宙基本計画を作成しなければならない、とした宇宙基本法第24条の規定により、２００9年に基本計画、２０１3年に第2次基本計画を作成後、さらに2年後、産業界の「予見可能性」を高めて産業基盤を強化すること、及び適切な宇宙の安全保障利用を進める必要があることから、第3次基本計画を作成した。その中で、「欧米等が有する第三者損害賠償制度や民間事業者の宇宙活動に対する国の許可・監督制度等を参考にしつつ、海外衛星事業者からの衛星打ち上げサービス受注を後押しし、民間事業者による宇宙活動を支えるための「宇宙活動法案」」及び「リモートセンシング衛星を活用した民間事業者の事業を推進するために必要となる制度的担保を図るための新たな法案」を２０１6年の通常国会に提出することを目指す、とされた。

本計画に基づき、宇宙政策委員会　宇宙産業・科学技術基盤部会の下に宇宙法制小委員会が設置され、この小委員会において、宇宙活動の許可・監督のあり方、宇宙活動に起因する損害を被った被害者の保護と産業振興・国際競争力確保を両立する損害賠償のあり方について、また衛星リモートセンシングについては、管理を行うべきデータ・ヒト・行為の範囲等についての議論を経て、２０１6年11月9日に「宇宙活動法案」及び「衛星リモートセンシング法案」が成立した。これにより、宇宙先進諸外国と足並みの揃った法的基盤が我が国にも確立することとなった。これら2法案の提出までの経緯を**表1**に示す。

**表1　我が国の宇宙関連法制に係る主な経緯**

| 年 | 月 | 主な出来事 |
| --- | --- | --- |
| 昭和43年 | | 宇宙開発委員会設置法（閣法）の施行により、宇宙開発委員会が総理府に置かれる。 |
| 昭和44年 | | 宇宙開発事業団法（閣法）の施行により、特殊法人宇宙開発事業団が設立される。 |
| 平成13年 | | 中央省庁再編。宇宙開発委員会は文部科学省に置かれる審議会となる。 |
| 平成15年 | | 宇宙開発事業団など3機関が改組され、独立行政法人宇宙航空研究開発機構（JAXA）が発足。 |
| 平成20年 | 5月 | 宇宙基本法（議員立法）が成立、同年8月に施行。 |
| | 8月 | 基本法に基づき内閣に宇宙開発戦略本部が設置される。翌9月に本部の下に宇宙開発戦略専門調査会が、10月に専門調査会の下に宇宙活動に関する法制検討WGが設置される。 |
| 平成21年 | 6月 | 基本法に基づき宇宙基本計画（計画期間：策定から5年間）が本部決定される。 |
| 平成24年 | 7月 | 「内閣府設置法等の一部を改正する法律」の施行を受け、内閣府に宇宙戦略室と宇宙政策委員会が設置される（宇宙開発委員会は廃止）。また併せてJAXA法の改正も行われる。 |

| | | |
|---|---|---|
| 平成25年 | 1月 | 第2次宇宙基本計画（計画期間：平成25～29年度）が本部決定される。 |
| | 1月 | 国家安全保障戦略を踏まえた第3次宇宙基本計画（計画期間：策定から10年間）が本部決定される。 |
| 平成27年 | 4月 | ・JAXAが国立研究開発法人に移行する。<br>・宇宙法制小委員会において宇宙関連2法案の検討が始まる。 |
| 平成28年 | 3月 | 「人工衛星等の打上げ及び人工衛星の管理に関する法律案」「衛星リモートセンシング記録の適正な取扱いの確保に関する法律案」が第190回国会に提出される。 |

（出所）内閣府資料等を基に作成

出典：内閣委員会調査室『立法と調査　2016.10 No.381』

以下、宇宙活動法、衛星リモセン法の内容について説明する。

## 「人工衛星等の打上げ及び人工衛星の管理に関する法律」（宇宙活動法）

第一条（目的）

第一条　この法律は、宇宙基本法（平成二十年法律第四十三号）の基本理念（以下単に「基本理念」という。）にのっとり、我が国における人工衛星等の打上げ及び人工衛星の管理に係る許可に関する制度並びに人工衛星等の落下等により生ずる損害の賠償に関する制度を設けることにより、宇宙の開発及び利用に関する諸条約を的確かつ円滑に実施するとともに、公共の安全を確保し、あわせて、当該損害の被害者の保護を図り、もって国民生活の向上及び経済社会の発展に寄与することを目的とする。

宇宙活動法の目的は、①人工衛星等の打上げに係る許可、②人工衛星の管理に係る許可、③ロケット落下等損害の賠償、の制度を定めるものである（第1条）。

**第三条（この法律の施行に当たっての配慮）**

**第三条**　国は、この法律の施行に当たっては、宇宙基本法第十六条に規定する民間事業者による宇宙開発利用の促進に関する施策の一環として、我が国の人工衛星等の打上げ及び人工衛星の管理に関係する産業の技術力及び国際競争力の強化を図るよう適切な配慮をするものとする。

本法は、宇宙諸条約の履行を担保するための規制法ではあるが、宇宙基本法の基本理念にのっとり制定されるものであることから、宇宙基本法第16条の「国は、（中略）民間における宇宙開発利用に関する事業活動（研究開発を含む。）を促進し、（中略）自ら宇宙開発利用に係る事業を行うに際しては、民間事業者の能力を活用し、物品及び役務の調達を計画的に行うよう配慮するとともに

（中略）設備及び施設等の整備、（中略）研究開発の成果の民間事業者への移転の促進、（中略）民間事業者による投資を容易にするための税制上及び金融上の措置その他の必要な施策を講ずるものとする」とした産業振興に配慮する旨を明記するため第３条を規定している。

## 人工衛星等の打上げに係る許可

**第四条**（許可）

**第四条**　国内に所在し、又は日本国籍を有する船舶若しくは航空機に搭載された打上げ施設を用いて人工衛星等の打上げを行おうとする者は、その都度、内閣総理大臣の許可を受けなければならない。

２　略

宇宙条約第６条においては、締約国は、宇宙空間における活動について、それが政府機関によって行われるか非政府団体によって行われるかを問わず、国際的責任を有することが規定されている。我が国が負うこの国際的責任を履行するために、第２章（第４～19条）で人工衛星等の打上げに係る許可を規定している。

第４条第１項において、領域的管轄権（属地主義）を行使する対象として「打上げ施設が国内にあること」を対象として、「国内に所在」する打上げ施設について規定し、あわせて準領域的管轄権（登録国主義）を行使できる「日本国籍を有する船舶若しくは航空機に搭載された打上げ施設」も対象としている。

一般的には、各国の宇宙活動法では、属人的管轄権（国籍主義）に基づいた許可をする国が多いのに対して、日本は例外なく属地主義を規定している。この理由は、①国外には執行管轄権が及ばないため、宇宙条約第6条に規定する「自国の活動」には当たらないと判断したこと、②その際には、当該外国において適切に許可・監督が行われると判断したこと、③一つの宇宙活動について複数の国の許可を義務づけることにより、宇宙ビジネスが迅速・円滑に進まない、すなわち本法が目的とするところの宇宙産業の発展の支障になると判断したこと、が挙げられる。

人工衛星等の打上げを行おうとする者の義務としては、その都度、内閣総理大臣の許可を受けなくてはならず、その申請書に記載する事項としては、人工衛星の打上げ用ロケットの設計、打上げ施設の場所、打上げの予定時期、打上げ用ロケットの飛行経路、打上げ用ロケットに搭載する人工衛星の数やその利用目的等である。

## 人工衛星の管理に係る許可

### 第二十二条（許可の基準）

**第二十二条**　内閣総理大臣は、第二十条第一項の許可の申請が次の各号のいずれにも適合していると認めるときでなければ、同項の許可をしてはならない。

一　人工衛星の利用の目的及び方法が、基本理念に則したものであり、かつ、宇宙の開発及び利用に関する諸条約の的確かつ円滑な実施及び公共の安全の確保に支障を及ぼすおそれがないものであること。

二　人工衛星の構造が、その人工衛星を構成する機器及び部品の飛散を防ぐ仕組みが講じられていることその他の宇宙空間探査等条約第九条に規定する月その他の天体を含む宇宙空間の有害な汚染並びにその平和的な探査及び利用における他国の活動に対する潜在的に有害な干渉（次号及び第四号ニにおいて「宇宙空間の有害な汚染等」という。）の防止並びに公共の安全の確保に支障を及ぼすおそれがないものとして内閣府令で定める基準に適合するものであること。

三　管理計画において、他の人工衛星との衝突を避けるための措置その他の宇宙空間の有害な汚染等を防止するために必要なものとして内閣府令で定める措置及び終了措置を講ずることとされており、かつ、申請者（個人にあっては、死亡時代理人を含む。）が当該管理計画を実行する十分な能力を有すること。

四　終了措置の内容が次のイからニまでのいずれかに該当するものであること。
イ　人工衛星の位置、姿勢及び状態を制御することにより、当該人工衛星の高度を下げて空中で燃焼させること（これを構成する機器の一部を燃焼させることなく地表又は水面に落下させて回収することを含む。）であって、当該人工衛星の飛行経路及び当該機器の一部の着地又は着水が予想される地点の周辺の安全を確保して行われるもの
ロ　人工衛星の位置、姿勢及び状態を制御することにより、当該人工衛星の高度を上げて時の経過により高度が下がることのない地球を回る軌道に投入することであって、他の人工衛星の管理に支障を及ぼすおそれがないもの
ハ　人工衛星の位置、姿勢及び状態を制御することにより、当該人工衛星を地球以外の天体を回る軌道に投入し、又は当該天体に落下させることであって、当該天体の環境を著しく悪化させるおそれがないもの
ニ　イからハまでに掲げる措置を講ずることができない場合において、誤作動及び爆発の防止その他の宇宙空間の有害な汚染等を防止するために必要なものとして内閣府令で定める措置を講じ、並びに人工衛星の位置、姿勢及び状態を内閣総理大臣に通知した上で、その制御をやめること。

第3章（第20～30条）で、人工衛星の管理に係る許可を規定しており、これは宇宙条約第6条が規定する宇宙空間における非政府団体の活動の継続的監督を履行するための規定である。管理すべ

き人工衛星の管轄権や管理の権限を持つためには、宇宙条約第8条で規定する「登録」を行う必要がある。宇宙物体の登録については、「宇宙物体登録条約」の規定に準じ、打上げ国が登録簿により当該宇宙物体を登録し、国連に当該宇宙物体に関する情報を提供することが義務付けられている。従って、本法では、国内に所在する人工衛星管理設備を用いて管理を行おうとする場合は、人工衛星毎に、人工衛星管理設備の場所、人工衛星を投入する軌道、人工衛星の利用の目的及び方法、人工衛星の構造などの事項を記載した申請書を提出して内閣総理大臣の許可を受けることとされており、登録に必要な情報を得られるようにしている。

第22条では、宇宙空間の有害な汚染、いわゆるスペースデブリの増加を防止するための措置も許可要件に含むことが規定されている。第3号において「他の人工衛星との衝突を避けるための措置その他の宇宙空間の有害な汚染等を防止するために必要な（中略）措置及び終了措置を講ずること」とされている。終了措置とは、人工衛星の高度を下げて空中で燃焼させることや、人工衛星の高度を上げて時の経過により高度が下がることのない地球を回る軌道に投入するなどの措置を規定している。

## 第三者損害賠償制度

第三十五条（無過失責任）

**第三十五条**　国内に所在し、又は日本国籍を有する船舶若しくは航空機に搭載された打上げ施設を用いて人工衛星等の打上げを行う者は、当該人工衛星等の打上げに伴いロケット落下等損害を与えたときは、その損害を賠償する責任を負う。

第三十六条（責任の集中）

**第三十六条**　前条の場合において、同条の規定により損害を賠償する責任を負うべき人工衛星等の打上げを行う者以外の者は、その損害を賠償する責任を負わない。

2　ロケット落下等損害については、製造物責任法（平成六年法律第八十五号）の規定は、適用しない。

3　第一項の規定は、原子力損害の賠償に関する法律（昭和三十六年法律第百四十七号）の適用を排除するものと解してはならない。

宇宙条約第6条で、国家は自国の宇宙活動について国際的責任を有すること、第7条で宇宙物体の発射により他国に損害を与えた場合は、国際的に責任を有することが定められている。また、宇宙損害責任条約第２条で、「打上げ国は、自国の宇宙物体が、地表において引き起こした損害又は飛行中の航空機に与えた損害の賠償につき無過失責任を負う」と定められている。これらの条約が規定する賠償責任を踏まえて、本法第５章で「ロケット落下等損害の賠償」を、第６章で「人工衛星落下等損害の賠償」をそれぞれ規定している。

国際条約が、国内法における無過失責任を義務付けるものではないが、自国民の被害者と他国民の被害者の救済を同等にしないのは合理性がないとの考え方に基づいて、本法においても採用することとされた。

ロケット落下等損害は、第35条で人工衛星の打上げ用ロケットが発射後、又は人工衛星が正常に分離された後の人工衛星の打上げ用ロケットが、「地表若しくは水面又は飛行中の航空機その他の飛しょう体において人の生命、身体又は財産に生じた損害」（第２条）を与えた場合に、打上げを行った者が無過失賠償責任を負うと規定している。併せて、責任集中の考え方も採用され、責任を負うべきロケットの打上げ者以外の者は、損害賠償責任を負わないことが明記された。これは、打上げ実施者のほかに、打上げ施設の管理・運営者、人工衛星の打上げを依頼した者など、ロケットの打上げには多くの関係者がいるため、損害発生の場合の責任の所在を確定することが困難であることから打上げ実施者への責任集中を規定した。

特に第36条第２項で「ロケット落下等損害については、製造物責任法（中略）の規定は、適用しない」として、人工衛星の打上げ用に供された資材や衛星の部品等の製造者への責任を排除した。

このような、責任集中の規定を置くことで、①被害者が損害賠償を請求する相手が明確になること、②ロケットや人工衛星の製造者が損害賠償の責任を負わないことにより、日本の打上げビジネスを支える宇宙産業（製造業）への支援を促す意義があること、③日本国内でのロケット打上げを促進することにより、打上げ事業者の国際競争力を高めることが期待される。なお、ロケット落下による損害が損害賠償保険でカバーできない場合は、政府が補償すること（第40条第２項）になっているため、被害者の救済に支障はないと考えられる。

ロケット落下等損害賠償責任と同様に、打上げ用ロケットから正常に分離された人工衛星の落下等により、「地表若しくは水面又は飛行中の航空機その他の飛しょう体において人の生命、身体又は財産に生じた損害」を与えた場合においては、人工衛星の管理を行う者の無過失責任を規定している（第53条）。

ただし、人工衛星落下等損害については、責任集中や損害賠償責任保険に関する規定がなく、政府補償も存在しない。この理由は、２００９年７月６日に宇宙活動に関する法制検討ワーキンググループが提出した報告書（素案）及び２０１５年11月４日に内閣府宇宙戦略室（当時）がまとめた「宇宙活動法案における第三者損害賠償制度の在り方について（案）」によると、①人工衛星が地上に落下して損害を与える可能性が低いこと、②人工衛星の軌道や構造によりリスクは多様であることから、他の諸外国において人工衛星管理者について特段の損害賠償措置が制度化されていないこと、が挙げられている。ただし、今後軌道上活動が活性化すると予想されることから、人工衛星管理のうち一定のもの（軌道上活動など）については、損害賠償担保措置、さらには政府による補償契約なども検討していくべきと考える。

宇宙活動法は、「宇宙の開発及び利用に関する諸条約を的確かつ円滑に実施するとともに、公共の安全を確保し、あわせて、当該損害の被害者の保護を図り、もって国民生活の向上及び経済社会の発展に寄与すること」を目的としており、この観点は、人工衛星及び打上げに係る宇宙ビジネスに携わる民間事業者の予見可能性を高め、人工衛星等の打上げ事業への参入を促進すると共に、我が国の事業者の国際競争力向上に寄与するものである。

### 「衛星リモートセンシング記録の適正な取扱いの確保に関する法律」（衛星リモセン法）

まず、衛星リモートセンシングとは、人工衛星に搭載されたセンサーで地球観測を行うことで、それによって得られるデータから、多様な情報を得ることが可能である。センサーは大きく分けて、光学センサーとマイクロ波センサーがある。

光学センサーを用いた観測方法には、太陽光が地上の物体に当たることで反射する可視光線や近赤外線をとらえて森林、田畑、河川、湖沼、市街地の分布といった地表の状態を知ることができる「可視・近赤外リモートセンシング」と、太陽の光を浴びて暖められた地表の表面から放出される熱赤外線をとらえて地面や海の温度、火山活動や山火事等の状況を知ることができる「熱赤外リモートセンシング」がある。

マイクロ波センサーを用いた観測方法とは、可視光線や赤外線より波長の長いマイクロ波（電波）を観測する方法で、昼夜天候に左右されずに観測を行うことができる。地球観測衛星に載せられたセンサーからマイクロ波（電波）を発射し、地表面から反射されるマイクロ波をとらえて山や谷といった地形の観測をする方法と、地表面から自然に放射されているマイクロ波を観測して、海面温度、積雪量、氷の厚さ等を観測する方法がある。

これらの観測により、例えば、大雨による洪水被害等のリスクの把握、地震等による被害状況把握、インフラの監視、石油タンクの蓋の位置から原油貯蔵量の把握、夜間光の規模から経済規模の指標化、農作物を監視し収穫時期を把握、鉱物資源の探索などあらゆるサービスの提供が可能となり、今後も衛星リモートセンシングデータの利活用が広がっていくことが予想される。

一方で、リモートセンシング技術が飛躍的に向上し、高分解能、高頻度、高鮮度の情報を得ることが可能となったことから、個人情報保護等との関係や安全保障への懸念も高まっている。衛星リモートセンシングデータが我が国の国益を毀損するような利用を防止する必要もある。

このように、衛星リモートセンシングデータを利活用した新産業・新サービスの創出を推進するために、リモセン事業者が遵守すべき基準等を明確化し、また事業の予見可能性を高めるために「衛星リモセン法」が整備されることになった。衛星リモセン法は、衛星リモートセンシング装置の使用に係る許可制度と、その使用によって得られる衛星リモートセンシングデータの流通に関する規制を定め、リモセンデータの悪用を防ぐと共に、新規リモセン事業者の事業リスクを低減し、参入を後押しする基盤となるものである。

第一条（趣旨）

**第一条**　この法律は、宇宙基本法（平成二十年法律第四十三号）の基本理念にのっとり、我が国における衛星リモートセンシング記録の適正な取扱いを確保するため、国の責務を定めるとともに、衛星リモートセンシング装置の使用に係る許可制度を設け、あわせて、衛星リモートセンシング記録保有者の義務、衛星リモートセンシング記録を取り扱う者の認定、内閣総理大臣による監督その他の衛星リモートセンシング記録の取扱いに関し必要な事項を定めるものとする。

衛星リモセン法は、第1条の趣旨に記載されている通り、①衛星リモートセンシング装置の使用に係る許可制度、②衛星リモートセンシングデータ保有者の義務、③衛星リモートセンシングデータを取り扱う者の認定等について定めたものである。

衛星リモートセンシング装置とは、衛星に搭載され、電磁波を用いて地表又は水面（これらに近接する地中又は水中を含む）又はこれらの上空に存在するものを観測する装置のうち、一定以上の分解能を有するものと規定されている。対象物判別精度については、「車両、船舶、航空機その他の移動施設の移動を把握するに足りるもの」としており、国際的な技術の発展状況に応じて適時に基準を変更できるように、基準を内閣府令で定めることにしている。

衛星リモセン装置に係る基準（施行規則第２条）を**表2**に示す。

表２　衛星リモセン装置に係る基準（施行規則第２条）

| センサーの区分 | 基準 |
|---|---|
| 光学センサー | 対象物判別精度が２m以下のもの |
| SARセンサー | 対象物判別精度が３m以下のもの |
| ハイパースペクトルセンサー | 対象物判別精度が10m以下かつ検出できる波長帯が49を超えるもの |
| 熱赤外センサー | 対象物判別精度が５m以下のもの |

国の責務としては、第３条第１項で「国際社会の平和の確保等に資する宇宙開発利用に関する施策の一環として、（中略）、この法律の規定により遵守すべき義務が確実に履行されるよう」、また、第２項で「衛星リモートセンシング装置の使用により生み出された価値を利用する諸活動の健全な発達が確保されるよう」にすることと規定され、安全保障と産業振興の調和を図っている。

衛星リモートセンシング装置の使用を行うためには、装置毎に内閣総理大臣の許可を受けなければならない（第４条）。第５条で定める欠格事由に該当する者は許可を受けることができない。欠格事由の対象となるのは「この法律その他国際社会の平和の確保等に支障を及ぼすおそれがある行為の規制に関する法律」に違反し、罰金以上の刑の執行から５年未満の者等とし、その具体的な法律の規定については、政令で定めることとしている。

第5条第1号に該当する行為としては、外国為替及び外国貿易法第25条第1項に違反して経済産業大臣の許可を受けずに特定技術を特定国に提供する行為、同法第48条の規定に違反して経済産業大臣の許可を受けずに特定の地域を仕向地とする特定の種類の貨物を輸出する行為、特定秘密の取扱いの業務に従事する者がその業務により知得した特定秘密を漏らす行為、等が挙げられている。

衛星リモートセンシング装置の使用を行うための許可の基準（第6条）として、衛星リモートセンシング装置の申請者以外の者が装置の使用を行うことを防止するための措置等が講じられていること（第1号）、衛星リモートセンシング記録の安全管理のために必要かつ適切な措置が講じられていること（第2号）、それらの措置を適確に実施するに足りる能力を有すること（第3号）、及び、国際社会の平和の確保等に支障を及ぼすおそれがないこと（第4号）が挙げられている。

また、許可の実効性を担保するために許可を受けた者に対しては、①衛星リモートセンシング装置使用者以外の者による装置の使用を防止するための措置（第8条）、②装置が搭載された人工衛星が許可に係る軌道を外れたときの機能の停止（第9条）、③許可に係る受信設備以外の使用の禁止（第10条）、④装置の使用状況についての帳簿への記載（第12条）、⑤装置の使用を終了するときの措置（第15条）等の義務が課されている。

### 衛星リモートセンシング記録の取扱いに関する規制

衛星リモートセンシング記録とは、衛星リモートセンシング装置を用いて取得した記録のうち、対象物判別精度、加工の度合い、記録されてから経過した時間等の事情を勘案し、その利用により国際社会の平和及び安全の確保並びに我が国の安全保障に支障を及ぼすおそれがあるもの、と定義されている（第２条）。

具体的には、補正処理をしていない「生データ」と補正処理を施した「標準データ」を区別して、それぞれ基準が設けられている。例えば、生データについては光学センサーにより記録された場合は、対象物判別精度が２メートル以下で、記録されてから５年以内のものであること、標準データについては対象物判別精度が25センチメートル未満のもの、が規制の対象になる。衛星リモセン記録に係る基準（施行規則第３条）を**表３**に示す。

**表３　衛星リモセン記録に係る基準（施行規則第３条）**

| センサーの区分 | 生データの基準 | 標準データの基準 |
|---|---|---|
| 光学センサー | 対象物判別精度が２ｍ以下かつ記録されてから５年以内のもの | 対象物判別精度が０・25ｍ未満のもの |

| | | |
|---|---|---|
| SARセンサー | 対象物判別精度が３m以下かつ記録されてから５年以内のもの | 対象物判別精度が０・24m未満のもの |
| ハイパースペクトルセンサー | 対象物判別精度が10m以下かつ検出できる波長帯が49を超え、かつ記録されてから５年以内のもの | 対象物判別精度が５m以下かつ検出できる波長帯が49を超えるもの |
| 熱赤外センサー | 対象物判別精度が５m以下かつ記録されてから５年以内のもの | 対象物判別精度が５m以下のもの |

リモートセンシング記録保有者は、衛星リモートセンシング記録の取扱いについて内閣総理大臣の認定を受けた者、あるいは許可をうけた衛星リモートセンシング装置使用者、特定取扱機関（政令で定める国若しくは地方公共団体の機関又は外国の政府機関）にのみ供給することができる（第18条）。

本法は、前記の衛星リモートセンシング記録の取扱い等について、罰則を設けるなど厳しいものとなっているが、これは高精度の衛星リモートセンシングデータが、機微情報を含むものであるため、この情報を入手して悪用を意図する国や国際テロリスト等に取得されないようにして、我が国及び同盟国の安全保障上の利益を確保するためである。一方で、民間事業者が衛星リモートセンシング記録を利活用することによって、新たな事業展開や多様なサービスの提供を可能にすることにより、宇宙産業のさらなる推進に寄与するものと考える。

「宇宙活動法」と「衛星リモセン法」が成立した２０１６年当時は我が国のベンチャー企業は10社程度であったのが、２０２１年には約50社まで増えている。ベンチャー企業のみならず、トヨタやソニーといった異業種大手企業の宇宙ビジネス参入も増えている。これらの原動力となった理由の一つが宇宙2法の成立であり、しかも日本における宇宙ビジネスの社会的な認知と信用が飛躍的に上がり、宇宙への投資を促したことは言うまでもない。

## 第４次宇宙基本計画～宇宙2法成立後の宇宙政策の動向

### 「宇宙産業ビジョン２０３０　―第４次産業革命下の宇宙利用創造―」

我が国のベンチャー企業や既存の大企業の宇宙産業進出が加速した要因の一つが宇宙2法の成立であることは言うまでもないが、宇宙2法成立の翌年２０１７年5月に宇宙政策委員会が取り纏めた「宇宙産業ビジョン２０３０」が、国として宇宙産業推進を図るという意思を明確にしたことで民間事業者の予見可能性を高めたことも要因と考えられる。

　宇宙技術を活用した社会システムは、国民生活を支える基礎的なインフラとしてだけでなく、我が国の安全保障を支える重要な基盤としての役割も担っている。宇宙産業の振興を図り、民生分野における宇宙利用の推進を強化するが、我が国の経済成長に大きく寄与し、ひいては我が国の安全保障の強化にも繋がっていく。換言すると、我が国の安全保障を強化するためには、宇宙システムの安定性・安全性を高める必要があり、そのために新たな研究開発等を行うことが、結果として我が国の宇宙産業の競争力を維持・向上させる。そうした宇宙産業エコシステムを構築するために、10年後を見据えた「宇宙産業ビジョン２０３０」が策定された。

　成長を担う分野として、衛星データを統合的に用いた新たな利用・サービスの創造・発展が挙げられている。これは、民間事業者が、衛星データを用いてソリューションビジネスを推進していくための政府衛星データの取扱いについて欧米における取組状況や安全保障上の観点に留意しつつ、国際的に同等の水準でオープン&フリー化を進めていく必要があること、また、政府・公的機関が国内に安定的な需要を形成し、宇宙利用産業の維持・活性化を行っていくとしている。

　また、従来の大型衛星だけでなく、小型の衛星・ロケット等の宇宙機器の国際競争力の強化が挙げられている。宇宙機器産業については、国内外の市場ニーズに対応した継続的な衛星開発が重要であること、次世代技術開発、低コスト化を進めていくこととされている。半導体を含む部品・コ

図１：Tellus のトップページ

ンポーネントが外国依存であることから、サプライチェーン確保の観点から必要がある場合には、国産化に向けた研究開発を進めていくこと、小型ロケット打上げのための国内射場の整備推進と事業者に配慮した宇宙活動法の運用を検討するとしている。

さらに、国際的に成長している宇宙の新たなビジネス領域に我が国のベンチャー企業等がその一角を担えるための環境を整え、欧米の宇宙政策をも参考にしつつ、我が国の宇宙産業を推進していく中でも、衛星データの利活用推進による新たな利用・サービスの創造・発展が我が国の成長を担う分野であるとの期待が大きい。しかしながら、①衛星データの継続性が不足、入手経路が分かりにくい、②衛星データソリューションビジネスが立ち上がっていない、③事業が立ち上がるまでの安定需要が不足している等の課題があった。そこで、衛星データへのアクセス改善、及び衛星データの利活用促進を進めるための政策の一つとして、政府衛星データのオープン&フリー化の推進の方針が打ち出された。

その方針の下、経済産業省の「政府衛星データのオープン&フリト化及びデータ利用環境整備事業」をさくらインターネット株式会社が受託し、２０１９年２月に日本初の衛星データプラットフォーム「Tellus」の運用が始まった。これまで日本では政府衛星データは一般的に利用しやすい環境にはなく、衛星データの加工には高い専門性や高価な処理設備・ソフトウエアが要求されることから、産業利用は限定的な状況にあった。Tellusは、こうした企業や個人の衛星データ利用への参入障壁を取り除くことを目的に、衛星データ及びその分析・アプリケーションなどの開発環境を無料で利用できるようにしたものである。Tellus登録者数は、２０２１年10月時点で約２万４千人となっている。

### 平成31年度以降に係る防衛計画の大綱

ここまで宇宙産業の推進について述べてきたが、２０１５年の「第３次宇宙基本計画」や前述の「宇宙産業ビジョン２０３０」において、特に第３次宇宙基本計画では「宇宙安全保障の確保」が宇宙政策の最優先課題として記載されるなど、宇宙安全保障の重要性が宇宙産業基盤強化と共に増大している。

宇宙安全保障の確保という観点では、２０１８年12月18日に閣議決定された「平成31年度以降に係る防衛計画の大綱」において、「特に、宇宙・サイバー・電磁波といった新たな領域については、我が国としての優位性を獲得することが死活的に重要となっており、（中略）、全ての領域を横断的に連携させた新たな防衛力の構築に向け、従来とは抜本的に異なる速度で変革を図っていく必要がある。」としている。

その中で、宇宙領域については我が国の衛星の脆弱性への対策が喫緊の課題であるとの認識の下、「宇宙領域を活用した情報収集、通信、測位等の各種能力を一層向上させるとともに、宇宙空間の状況を地上及び宇宙空間から常時継続的に監視する体制を構築する。また、機能保証のための能力や相手方の指揮統制・情報通信を妨げる能力を含め、平時から有事までのあらゆる段階において宇宙利用の優位を確保するための能力の強化に取り組む。」とされた。これを受けて「中期防衛力装備計画（平成31年度～平成35年度）」において、次の装備等の導入が謳われた。

**【常続的な宇宙状況監視（ＳＳＡ）体制の構築】**

宇宙領域専門部隊の新編、宇宙設置型光学望遠鏡、ＳＳＡレーザー測距装置

**【情報収集、通信、測位能力の向上】**

高機能Ｘバンド衛星通信網、準天頂衛星・ＧＰＳの複数受信、情報収集衛星・超小型衛星を含む商用衛星の利用

次項では、「平成31年度以降に係る防衛計画の大綱」と「中期防衛力装備計画（平成31年度～平

成35年度)」における宇宙領域での優位性確保のための方向性が「宇宙安全保障の確保」として反映された、「第４次宇宙基本計画」について述べる。

### 第４次宇宙基本計画〜自立した宇宙利用大国へ〜

第３次宇宙基本計画から5年振りの２０２０年、「宇宙基本計画（第４次宇宙基本計画）」が改定された。第３次宇宙基本計画は、①宇宙安全保障の確保、②民生利用の推進、③産業・科学技術基盤の強化、の３本の柱からなっていた。しかし、我が国をとりまく国際情勢の変化、特に宇宙空間の安定的利用を妨げるリスクが深刻化しているため、宇宙安全保障の確保を重要課題として位置付ける必要があったことも関係していると思われるが、第２次宇宙基本計画からわずか2年での改定となった。

さらにここ数年で、SpaceX 等米国のベンチャー企業による商用打上げ、通信衛星のコンステレーション構築計画、また我が国においてもスペースデブリの除去、宇宙資源の探査・採掘などを行うベンチャー企業の出現など、各国で宇宙産業の活性化が進んでいる。一方で、我が国の宇宙活動の自立性を維持するための宇宙関連の産業・技術基盤の強化と厳しい宇宙安全保障環境への対応が喫緊の課題であることから、今後10年を見据えた新たな基本計画「第４次宇宙基本計画」を策定した（２０２０年)。

本計画では、我が国の宇宙政策目標の全体像が明確に記載されている。

具体的には、①宇宙安全保障の確保、②災害対策・国土強靱化や地球規模課題の解決への貢献、③宇宙科学・探査による新たな知の創造、④宇宙を推進力とする経済成長とイノベーションの実現、といった多様な国益への貢献と宇宙活動の自立件を支える産業・科学技術基盤の強化を図ることとしている。

> **2. 我が国の宇宙政策の目標**
>
> 測位、通信、情報収集等、我が国の安全保障の確保や災害対策・国土強靱化に不可欠な機能を担い、これからの社会システムにおいて基本的な役割を果たす衛星とその打上げに必要な基幹ロケット等の宇宙輸送システムについては、我が国自身が自立的に開発・運用できる能力を継続的に強化する必要がある。
>
> さらに今後は、月や火星の探査・開発に必要な能力についても、我が国として自立的に取り組む能力の強化が重要となる。また、宇宙システムを効果的に活用していくためには、適切にその目的を定義し、解析を行う能力も不可欠である。
>
> 以下の多様な国益に貢献するため、戦略的に同盟国等とも連携しつつ、宇宙活動の自立性を支える産業・科学技術基盤を強化し、宇宙利用を拡大することで、基盤強化と利用拡大の好循環を実現する、自立した宇宙利用大国となることを目指す。

### 宇宙安全保障の確保

米国では国家宇宙戦略（２０１８年）で、宇宙を「戦闘領域」と位置付け、２０１９年12月に陸海空軍及び海兵隊と並ぶ独立軍種として宇宙軍が創設され、フランスでは同年9月に宇宙司令部が創設されたほか、北大西洋条約機構（ＮＡＴＯ）も同年12月、宇宙を「作戦領域」であると宣言し、各国が宇宙安全保障を重点化する動きが活発化している。

我が国においても、第4次宇宙基本計画で、第3次宇宙基本計画に比べて宇宙安全保障の一層の確保、及びこれを支える強固な宇宙産業技術基盤確立のためにより積極的に取り組むとの方針が示された。特に「宇宙安全保障の確保」については、先の防衛大綱で示された宇宙利用の優位性獲得が死活的に重要との認識を宇宙政策においても共有する形で目標の最初に掲げられている。

① 宇宙安全保障の確保

（略）我が国の安全保障における宇宙空間の重要性が増大するとともに、社会の宇宙システムへの依存度がますます高まる一方、宇宙空間の持続的かつ安定的利用を妨げるリスクは深刻化しており、宇宙安全保障の確保は喫緊の課題である。「平成31年度以降に係る防衛計画の大綱」を踏まえ、保全を担保しつつ、以下の目標の達成を図る。

(a) 宇宙状況把握能力の向上や機能保証の強化を図るとともに、国際的なルール作りに一層大きな役割を果たすことにより、宇宙空間の持続的かつ安定的な利用を確保する。

(b) 宇宙空間を活用した情報収集、通信、測位等の各種能力を一層向上させるとともに、それらの機能保証のための能力や相手方の指揮統制・情報通信を妨げる能力を含め、平時から有事までのあらゆる段階において、宇宙利用の優位を確保するための能力を強化する。

(c) 日米同盟強化に向けた取組の一環として、宇宙システムの維持における米国との役割分担を含め、安全保障面における日米宇宙協力を総合的に強化するとともに、米国以外の友好国等との間でも、宇宙分野における幅広い連携・協力を追求する。特に、自由で開かれたインド太平洋の維持・促進への貢献を念頭に、同地域における取組を強化する。

この目標を実現するための施策が、これまでの宇宙基本計画に比べてより具体的に施策が示されている（一部省略して掲載）。

① 準天頂衛星システム
我が国の安全保障能力の維持・強化に必要不可欠な位置の認識・標定及び時刻同期の能力を自立的に確保するための準天頂衛星システム確立に必要な開発及び２０２３年度目途の運用開始。

② Ｘバンド防衛衛星通信網

Xバンド防衛衛星通信網の着実な整備を進め、これら衛星通信網整備を通じて、自衛隊の指揮統制・情報通信能力を強化すると共に、さらなる抗たん性強化に取り組む。

③　情報収集衛星（光学衛星等、レーダー衛星等）

光学・レーダー衛星4機（基幹衛星）に時間軸多様化衛星及びデータ中継衛星を加えた10機体制の確立により即時性・即応性の向上、及び先端技術の研究開発等を通じ、機能を拡充・強化し、情報の質の向上を図る。また、短期打上型小型衛星の実証研究や宇宙状況把握に係る取組み等も活かし、機能保証の強化を図る。

④　即応小型衛星システム

宇宙システム全体の機能保証強化に関する検討や民間ビジネスの進展を踏まえつつ、その運用上のニーズや運用構想等に関する検討を行い、必要な措置を講ずる。

⑤　各種商用衛星等の利活用

小型衛星コンステレーションを用いた多頻度での情報収集を進める。

⑥　早期警戒衛星等

早期警戒などミサイルの探知、追尾等の機能に関連する技術動向として、小型衛星コンステレーションについて米国との連携を踏まえながら検討を行い、必要な措置を講ずると共に、高感度広帯域な将来の赤外線検知素子等の先進的な赤外センサに係る研究を行う。

⑦　海洋状況把握
各種の人工衛星等の宇宙技術を活用した海洋状況把握について、航空機や船舶、地上インフラ等との組合わせや米国との連携等を含む総合的な観点から検討を行い、必要な措置を講ずる。
⑧　宇宙状況監視
政府一体となった宇宙状況把握システムの運用開始により、我が国の宇宙状況把握体制の確立と能力の向上を図る。
⑨　宇宙システム全体の機能保証強化
我が国及び同盟国等が運用する宇宙システム全体（民生用途を含む）の機能保証を、総合的かつ継続的に保持・強化するための方策に関する検討を行い、必要な措置を講ずる。
⑩　同盟国・友好国等と戦略的に連携した国際的なルール作り
我が国の宇宙安全保障及び宇宙空間の持続的かつ安定的な利用を確保すべく、同盟国や友好国等と戦略的に連携しつつ、スペースデブリ対策等を含めた包括的な観点から、実効的なルール作りに一層大きな役割を果たすと共に、各国に宇宙空間における責任ある行動を求めていく。

「宇宙科学・探査による新たな知の創造」の項目では、国際ミッションを主導するなどして、我が国の宇宙科学・探査をさらに発展させ、宇宙や生命の起源を探るなど新たな知の創造に繋がる世界的な発見等といった成果の実現を目指す。アルテミス計画については、経済活動や外交・安全保障など宇宙科学・探査以外の観点からの関与も含め、政府を挙げて検討を進め、我が国として主体性が確保された参画とする、ＩＳＳ計画については運用のさらなる効率化を進めると共に、前述の月・火星探査に必要な能力の獲得・強化等のために活用する、とされた。

> **⑷　宇宙を推進力とする経済成長とイノベーションの実現**
>
> **①　基本的考え方**
>
> （略）国の安全等が害されないよう配意しつつ、農業、防災、交通・物流等様々な分野における衛星データ利用の促進、地理空間情報データの高度利用、これらに資するデータベース間の連携の強化、研究機関による出資や調達の積極的な活用、異業種等の宇宙分野への取り込み、地上技術と月面など宇宙開発技術の相互利用、必要な制度環境の整備、海外市場の開拓に向けた体制の強化等に取り組む。（中略）アルテミス計画は、月での持続的な活動を目指すなどの点で、経済活動等の観点からも重要である。
>
> これまでの宇宙基本計画では、宇宙機器産業の事業規模として、官民合わせて10年間で累計５兆円の目標を掲げた。この目標の達成に努めつつ、（中略）宇宙システムを基盤とする産業の拡大を促進することによって、我が国の宇宙利用産業も含めた宇宙産業の規模（約１・２兆円）を２０３０年代早期に倍増することを目指す。

「宇宙を推進力とする経済成長とイノベーションの実現」の項目では、基本的考え方を踏まえた12項目の具体的施策を挙げている。

① 衛星リモートセンシングデータ（衛星データ）の利用拡大

衛星リモートセンシング・測位データを含む地理空間情報は、第４次産業革命を支える鍵であり、防災、交通・物流、生活環境、地方創生、海外展開といった幅広い分野における事業を推進すると共に、G空間情報センターの積極的な活用を進め、「地理空間情報高度利用社会（G空間社会）」の実現を図る。

準天頂衛星「みちびき」等の衛星測位技術を活用した自動走行技術や、衛星画像による作物・農地のセンシング、政府衛星データプラットフォーム「Tellus」と農業データ連携基盤「WAGRI」の連携を検討し、民間サービスの拡大等による生産性の高いスマート農業の現場実装を加速化する。

② 政府衛星データのオープン&フリー化

今後計画する政府衛星については、必要な処理を行った公共性の高いデータが提供されるよう、開発段階から衛星所有政府機関が衛星計画を立案する。

③ 政府衛星データプラットフォーム

Tellusの積極的な活用等を通じた衛星データの利活用（アンカーテナンシー）の推進や、海外の衛星データプラットフォームとの連携を通じた衛星データの国際共有を進め、衛星データを活用した新たなビジネスを創出する民間事業者の取組みを後押しする。

④　民間事業者への宇宙状況把握サービス提供のためのシステム構築

⑤　国等のプロジェクトにおけるベンチャー企業等民間からの調達の拡大
民間における小型ロケットや各種衛星の開発動向等も踏まえつつ、ベンチャー企業等民間からの調達を拡大することを通じ、民間による主体的な取組みを促進していく。

⑥　JAXAの事業創出・オープンイノベーションに関する取組強化（出資機能の活用等）

⑦　異業種企業やベンチャー企業の宇宙産業への参入促進

⑧　制度環境整備
今後成長が期待される新たな宇宙ビジネスに必要となる制度環境整備を加速する。民間事業者による月面を含めた宇宙空間の資源探査・開発や軌道上での活動、宇宙交通管理（STM）をめぐる国際的な議論の動向等を踏まえ、必要な制度整備を検討し、必要な措置を講ずる。

⑨　射場・スペースポート
民間事業者や自治体による将来の打上げ需要の拡大を見据えた射場整備やサブオービタル飛行等の新たな輸送ビジネスの実現に向けたスペースポート整備については、必要な対応を検討し、必要な措置を講ずる。

⑩　海外市場開拓
⑪　月探査活動への民間企業等の参画促進
　我が国の民間企業への裨益を目指した月探査活動に係る共通基盤技術について、民間企業と連携して技術開発を進める。
⑫　ＩＳＳを含む地球低軌道における経済活動等の促進
　以上のように、今後10年を見据えた第４次宇宙基本計画では、宇宙安全保障と宇宙を推進力とする経済成長とイノベーションの実現、そしてそれらの宇宙活動を支える基盤強化が重要施策として位置付けられた。

　２０２１年の行程表では、①自衛隊に宇宙作戦群を新編し、２０２３年度から宇宙状況把握システムの実運用と２０２６年度までにＳＳＡ衛星を打ち上げる、②２０２０年代後半を目途に日本人による月面着陸の実現、③我が国独自のＳＡＲ衛星コンステレーションを２０２５年までに構築、③アルテミス計画による月面活動に必須のシステム構築、④衛星データ利用拡大に向けたデータ利用ソリューションの開発・実証、⑤宇宙港の整備などによるアジアにおける宇宙ビジネスの中核拠点化、などが盛り込まれ、我が国の宇宙分野での画期的飛躍が期待できるものとなった。

　本章では日本の宇宙開発に関する法整備の経緯を述べてきたが、世界の宇宙開発のスピードに比べると、我が国は法制度を含め宇宙開発のための環境整備に遅れをとってきたと感じざるを得ない。国をあげて日本の宇宙産業を発展させ、民生分野における宇宙利活用がどんどん進むようになれば、日本経済に大きな成長が見込めるとともに安全保障の強化にも繋がる。言い換えれば、我が国の安全保障を強化するためには安定性・安全性に優れた宇宙システムの確立が必要であり、そのための研究開発や手当に注力することが結果的に我が国の宇宙産業を発展させ、ひいては国際的な競争力の維持・向上へと繋がる。筆者らは、今まさにそうした宇宙産業エコシステムの構築が急務であるとの思いから『宇宙資源法』の成立のために奔走した。

小さな一歩であるかもしれない。この法律が役に立つ日が来るのか、という批判もあるかもしれない。筆者らが描いた夢は、今宇宙ビジネスに挑戦している勇気ある人々の夢に比べれば小さいかもしれない。

２０２２年、ロシアのウクライナ侵攻の影響により国際情勢は不安定化し、ロシアのソユーズに依存していた衛星等の打上げが中止され、ＩＳＳの位置制御等を担っているロシアの動向も不透明な状況で、宇宙の領域での不確実性が高まっている。

しかし、そのような状況の中でも、宇宙への夢を追い続け、夢を実現しようとしている人々を、筆者らは「政治」という立場から応援していきたいと思っている。

# 第4章

## 宇宙資源法、誕生
## ―自民党の宇宙兄弟が奔走した840日、起草から成立までの全記録―

# Ⅰ　日本に宇宙資源法が必要な三つの理由

## 自民党宇宙兄弟の原点は〝国力の再構築〟

全く異なるバックグラウンドを持つ我々二人が、なぜ同じ問題意識を共有し、宇宙政策に注力してきたのか。本題に入る前に、まずはこのことを読者の皆様と共有したい。

宇宙資源法が成立した２０２１年という年は、宇宙開発の歴史を辿ると実に感慨深い。ガガーリンによる人類初の有人宇宙飛行やアポロ計画発表から丁度60年、スペースシャトルの初飛行から丁度40年、大富豪デニス・チトーによる人類初の私費による宇宙旅行から丁度20年、そして国際宇宙ステーション完成から丁度10年にあたる。日本で言えば、初の人工衛星「おおすみ」から約50年、本格的商用ベースにのった純国産Ｈ－ⅡＡロケットの試験機打上げから丁度20年になる。

日本でＨ－ⅡＡが本格運用に入った２０００年前後は、世界にとって宇宙利活用のパラダイムシフトが静かに時間をかけて起こり始めた時期と重なる。民間による宇宙利活用の時代だ。テクノロジーやサービスの高度化・多様化と共にニーズの発掘が盛んになり、サービス利用者・サービス提供者・開発主体・出資者の各セクターで、官から民への裾野の拡大が進んだ。その結果、コストの低下と民間リスクマネーのさらなる流入をもたらした。すなわち、宇宙産業エコシステム形成の黎明期と言える時代だ。こうした中で、日本の宇宙開発にとって大きな節目を迎えるのが、２００８年成立の宇宙基本法だ。

それまでは科学探査が中心であった日本の宇宙開発を、産業利活用や安全保障にまで焦点を拡大したものであることは既に前章で触れた。これ以降、日本人は宇宙を実社会に結び付ける視点を持つことになる。もちろん２００８年当時の宇宙開発は、まだまだ政府が巨額の国費を投入しなければ実現困難なものであったが、その後、僅か8年で、宇宙活動法や衛星リモセン法といった民間衛星事業者の活動を規定する法的基盤が必要になるほどに、日本の宇宙ビジネスは急成長していた。

この時、我々はそれぞれ異なる立場で立法化に関与していた（小林は防衛大臣政務官、大野は自民党宇宙・海洋開発特別委員会事務局長として）。二人とも民間事業者による宇宙利活用拡大の胎動を十二分に肌で感じていた。当時、設立間もない多くの宇宙ベンチャーの若くて優秀な経営者からのヒアリングを重ねていたが、彼らの話は単なる夢や希望という代物ではなく、また政府の補助金のみを目当てにした陳情などでもなく、いずれも社会課題解決のための明確なビジョンを持ち、堅実なビジネスモデルでガバナンスの効いた透明な運営を行う、いわゆるイケてるベンチャーであった。

これらのベンチャー企業だけでなく、日本には『下町ロケット』に代表されるように、すり合わせ技術を生み出している地方の中小企業や世界で唯一の技術を有する事業者が、企業規模の大小関係なく存在しており、これらの企業が我が国のものづくりを牽引してきたと言っても過言ではない。

一方で、我々が初当選した２０１２年当時の日本経済は長期に亘るデフレの中で成長が停滞し、企業価値世界ランキングトップ50に日本企業を見かけることがほとんどなくなっていた。安倍晋三という力強いリーダーを内閣総理大臣として再び戴き、いわゆるアベノミクスによって経済回復のきっかけを作れたことは極めて大きな意義があり、かつ「デフレからの脱却」すなわち企業の積極的な設備投資が進み、産業構造のパラダイム転換が期待された。しかしながら、世界ではＧＡＦＡのようなビッグデータを駆使したプラットフォーム事業者が急成長し国際経済を牽引する一方で、日本の企業は現状維持のまま、新たな事業創出といった日本が飛躍できる要素は生まれなかったように思う。

このように世界で技術革新が急速に進む中で、今後我が国が成長していくには、これまで日本経済を牽引してきた自動車産業や情報通信産業に加え新たな産業が必要だと感じていた。

将来日本が何で飯を食っていくのか――これは我々にとって壮大過ぎるテーマであったが、当時漠然と感じていた宇宙利活用の成長可能性は、我々に一縷の望みをかけるに余りある存在であった。特に、宇宙基本法に明記されていた産業の振興と安全保障という二つの価値軸が、現実感をもって膨らもうとしていた時期だ。必然的に、国益という視点で見た時の宇宙の可能性を我々二人で共有し始めていた。少なくとも宇宙産業エコシステムを確立し、国際競争基盤を法的財政的に担保しなければならない。その上で国際ルールを主導的役割で形成し、普遍的な価値にまで昇華させなければならない。これが我々二人の原点であった。

## 「やっちゃおうよ」きっかけは単純

『月面の水を使って燃料にしたい』

主催する党内有志の宇宙関係勉強会で、そう力説していたのはispaceの袴田武史氏だった。2017年のことである。極めてシンプルだが突拍子もなく壮大過ぎるアイディアに聞こえた。なにせ本気でビジネスベースでやろうと言うのだ。しかし、彼の言葉にじわじわと熱いものが込み上げるのを感じた。そして日本の可能性を強く感じた。先ほども触れた国益の観点で見ると、民間による宇宙資源開発を政府が後押しすることは、誠に理にかなったことだと感じたからに他ならない。まさに政治が解決すべき課題であった。

爾来、何度か党の公式な会議である宇宙・海洋開発特別委員会でプレゼンをしてもらった。党内の雰囲気も、民間による宇宙資源開発を推進すべしという雰囲気に包まれ、党としても公式な提言を出した。しかし、月面資源というテーマの具体的かつ本質的な課題は、所有権をどう扱うのかということであり、その話になると解決の方向性が見い出せず、ただ時間だけが過ぎていった。如何せん国際ルールがないのだ。結局毎回のことであったが、内閣府や外務省など関係する役所に国際ルール形成を働きかけるべきだ、という、受け取った役所も困惑するような方向性しか打ち出せずにいた。

「何とか実現したい」「これからは宇宙が世界の競争の場になる」

小林はその思いで各国の法整備の現状や宇宙開発状況などの調査を始め、宇宙空間のルール形成のあり方について検討し、熱心に法制化の必要性を力説し始めた。小林の活動は党内に留まらず、立て続けに国会質問に立ち、宇宙資源法の必要性を議会内で説いていた。

２０１９年２月27日　予算委員会第三分科会

○小林（鷹）分科員
　最後に、宇宙ビジネス分野の法整備について質問をさせていただきたいと思います。今、いろいろな宇宙ベンチャーとか出てきて、イノベーションの話でも宇宙が出てきていますけれども、今後、新たな宇宙ビジネスを日本から生み出していくためには、私はさまざまなやり方があるんだろうと思います。高田局長もよくおっしゃるように、高い技術を持っている日本のベンチャーが実績を積み重ねて、デファクトのスタンダードをつくっていく。そうすれば、日本の発言力も、ルールメーキングに関する発言力も上がってくる。そういう中で、日本が主導してルール形成を進めていくということは、私はすごくしっくりくるんです。

ただ、それだけでもないのかなというふうに思っておりまして、例えば、資源探査の分野でのルクセンブルク、これ、ルクセンブルクに別にたくさんの人がいるわけでもないし、企業がたくさんあるわけでもないし、特段そこに特有のすぐれた技術があるわけでもない。でも、ルクセンブルクが今やっていることは、アメリカに続いて、資源探査の法整備、国内法をとりあえず整備する。その国家の意思をしっかりと示すことによって、それを感じたいろいろな国のすばらしい企業が、今、ルクセンブルクに支社を置くとか、そういう形で行っています。なので、こういうやり方で企業をどんどん呼び込んでいくやり方というのも、私はありなのかなというふうに思っております。

そこで、資源探査、輸送あるいはデブリ除去等々さまざまな分野において、日本としてどう勝負していくのか。その戦略というのはしっかり伴っていなければいけないと思いますけれども、その戦略があることを前提として、宇宙ビジネスの振興のための今後の我が国における国内法の整備について、政府の方針、スタンスをお聞かせいただければと思います。

○高田政府参考人

委員御指摘のとおり、宇宙分野などの新領域では、新しく民間ビジネス振興のために制度を整えてやる、それを適切なタイミングで行っていくということで産業振興になっていくという制度整備が有効だということだと認識しています。

現在、宇宙資源開発の分野では、委員御指摘のとおり、米国やルクセンブルクなどが、月などにおける宇宙資源開発の活動に関して政府として認可を行うという枠組みを用意することで、関連するベンチャーの支援や国外からの産業誘致を進めている、こういう実態があると認識しています。

内閣府、政府としまして、こうした国内外の情勢を踏まえながら、民間企業が発展していこうという活動が決して阻害されることがないよう、むしろ積極的に産業を振興していくようなタイミングで、国会などで御審議いただくには、立法事実とか、その産業の熟成度も勘案しながら、貴重な国会審議のお時間をいただくことになりますので、そういうのをよく考えながら、適切なタイミングでの法制度を考えていきたい、そのように思います。

○小林（鷹）分科員

国家戦略として本当に宇宙をどう捉えていくのかというところを幅広い視点を持ってやって

いただきたいと思いますし、こうした法整備が未成熟な分野だからこそ、政府も、そして私たち立法府も前向きかつスピーディーにこれは頑張っていかなきゃいけないというふうに思っております。

※衆議院議事録より抜粋

https://www.shugiin.go.jp/internet/itdb_kaigiroku.nsf/html/kaigiroku/003319820190227001.htm

その後、小林は宇宙資源法制と宇宙状況監視（ＳＳＡ）・宇宙交通管理（ＳＴＭ）にターゲットを定め、前出の宇宙・海洋開発特別委員会の下に法制化のためのワーキングチームを設置して頂けないかと河村建夫委員長に働きかけ、「宇宙法制・条約に関するＷＴ」（以下、宇宙法制ＷＴ）の座長に就任。実現に向けたアプローチを模索し始める。

一方で小林の後任として防衛大臣政務官を務めていた大野は、２０１８年に同職を退任した後、初当選以来一貫して属していた同特別委員会に復職。その事務局長に就任し、自民党の宇宙政策全般をリードしていく。また小林が座長を務める宇宙法制ＷＴの幹事長に就任し、再び二人で公式にタッグを組んだ。実は我々は、宇宙以外でも注力政策が重なる。例えば経済政策、国際金融、外交安保、経済安保、学術会議、経協インフラなどだ。小林は財務省出身だが、技術領域にも高い関心を持っており、経済・財政という専門を持ちながら技術という枠を通して国益を見ている。大野は研究者出身だが、金融や経済にも高い関心を持っており、同様に理系の専門を持ちながら社会構造という枠を通して国益を見ている。「餅は餅屋、馬は馬方」と言うが、餅屋が馬方の立場に立ち、馬方が餅屋の立場に立って、餅と馬を二人で見ているようなものだ。たすき掛けになった関心と専門が二人の議論を豊かにした。

その後も我々は、宇宙資源の所有権を規定する法律を起案するよう政府に対して何度も働きかけた。しかし、立法作業に取り掛かるには立法事実[1]の壁を越えなくてはならず、また国際ルールも定まっていない宇宙資源の所有権を法律で規定することに、政府はかなりの難色を示していた。

事態が動き始めたのは２０１９年も暮れに差し掛かった頃だった。きっかけは我々二人の間の雑談であった。『自分らでやっちゃおうよ』『やっちゃいますか』。まさしく〝自民党の宇宙兄弟〟結成の瞬間であった。すなわち、政府にやってもらうのではなく、議員自ら法案を執筆し国会に提出する、議員立法の選択肢を採ろうという意味だった。

実は日本で成立する法律の約8割は政府が提出する閣法であり、議員立法という選択肢は相当な覚悟がいる。少ない議員スタッフと共に、資料収集から有識者の意見聴取と取り纏め、論点整理から役所や関係者との折衝、資料執筆など、相当な作業をこなさなければならないからだ。しかも、議員立法の成立率は2割以下と非常に低い。議員立法は超党派が原則であり、与党内の厳しい法案審議を経るだけではなく、野党の大多数の賛成をもらう必要がある。そうして与野党合意の見通しが立った後もなお、国会への法案提出機会の獲得という最後にして最大の関門が待ち構えるなど、無事に法案成立となるまでには相当なエネルギーを要する。さらには議員立法に馴染むのかなど、本質的課題もクリアする必要があった。しかし、日本に宇宙資源法が必要な明確な理由があった。最初のヒアリングから既に2年以上が過ぎていた。

## 日本に宇宙資源法が必要な三つの理由

本法律の目的は、「民間事業者が宇宙空間で宇宙資源を探査・開発・取得した場合、その事業者に所有権を認める」というシンプルなものだ。これはすなわち、日本の民間事業者が、月面などの宇宙空間の一定の場所で、開発に必要な採掘及びこれに付随する加工、保管などの事業を、一定の期間継続的に行い、宇宙資源を自由に利用できることを意味する。宇宙資源の取扱いに関する国際ルールが整備されていない中で、これまで私人に対する所有権付与を国内法で担保した国は米国、ルクセンブルク、UAEの3か国であり、日本は世界で4番目の宇宙資源法整備国となる。

1　P125注5参照。

なぜ、今、日本に宇宙資源法が必要なのか。そして、なぜ、我々がこの法律にこだわったのか。宇宙の可能性を信じるから、というのももちろん背景にあるが、先に触れたように、本質的にこの国の在り方に大きく関わる問題だと考えていたからだ。

## 1．日本の宇宙産業の競争力向上と市場創造のため

現在、アルテミス計画も含め各国の月面活動への関心が非常に高くなっていることは既に触れた。日本においても政府のみならず、月面産業ビジョン協議会の参画メンバーを始め、多くの民間企業が来たるplanet 6.0時代[2]を見据えた月面開発事業へ参入し始めている。月面活動を支えるのは間違いなく動力源だ。現時点では燃料は地上から月面に投入せざるを得ないが、仮に燃料を月面で生成できるようになれば[3]、劇的に活動コストを抑えられる可能性がある。もちろん燃料の製造コストを含めて考えなければならないので簡単ではないが、ランダー（月面着陸船）やローバー（月面走行車）のみならず、あらゆる月面活動を支える存在になる可能性があり、また月面活動だけでなく、月の周辺で活動する宇宙機のエネルギー源としても利用できる。そしてポイントは、今まさにその宇宙資源をビジネスベースで考えるベンチャーが日本に立ち上がっていることだ。

さらにその先の将来では、月面での生活圏の構築が可能となる。宇宙資源、中でも水はエネルギー源や食料生産用としての利用など、全宇宙産業の中心的推進力となり得る。なぜなら月面は地上

より遥かに重力が低いため、地球から衛星を軌道に投入するよりも月面から投入した方がコストが安いはずだ。つまり、あらゆる衛星の軌道投入コストを低減できるかもしれない。もしそうなれば劇的なパラダイムシフトが起こる。市場規模数百兆円で今後も拡大する見込みの宇宙産業全体の推進力となりうる宇宙資源に、日本がどのように関与していくのかは非常に重要な課題だ。宇宙資源を利用するだけでなく宇宙での活動を計画する事業者の事業環境を法的に整備することは、日本の将来の国力にとって極めて重要な要素ではないか。

## 2. 日本が国際ルール形成において主導的役割を果たすため

我々が宇宙資源法案の成立に向けて準備作業をしている間に、宇宙資源に関係する国際的な動きが二つあった。一つはアルテミス合意であり、もう一つはＣＯＰＵＯＳ[4]での宇宙資源の取扱いに関

2　Society 5.0に続く、新時代の社会コンセプト。人類の社会・経済の活動圏が既に地球周回軌道上に及んでいる事実に加え、近い未来に月や月以遠の天体まで展開されることを鑑み、地球と他天体を含む宇宙が一体となった循環型の社会経済を構築することを目指す概念。

3　例えば月面の氷塊からは水素と酸素を生成できるため、燃料として活用することが期待されている。詳しくはＰ167、Ｐ177参照。

4　２０２１年６月１日、ＣＯＰＵＯＳ法律小委員会で宇宙資源に関する国際ルール整備の議論が始まった。議長には、慶應義塾大学大学院の青木節子教授が選出された。

する国際会議の開始であった。まさに、国際ルールが形成されつつあるということを意味している。

　国際ルール形成に主導的役割を果たし、それにより国益に適った宇宙活動が実施できる環境を整備するべきであり、何よりも、国際秩序の安定化が最も重要だと考える。国際ルールが必ずしも成熟していない現時点において、先行者による無秩序な開発が行われれば、それ以外の国の適切な利益が損なわれるばかりか、国際秩序の不安定化を招く危険性がある。幸い日本は国際社会から一定の信頼を勝ち得てきた国であり、実際に宇宙資源ビジネスを検討する事業者が存在している国でもある。そうした我が国こそが、今後の国際ルール形成で主導的役割を担う必要があるのではないかと考えた。

　これまで我が国は様々な国際協調プログラムに参加して国際貢献を果たし、研究分野でも大きな成果を生んできたが、他国主導で定まった国際ルールに従うことが多かった。この場合、当然ながらそのルールは決して日本の国益を最大化しているものではなかった。今こそ宇宙資源法を整備し、宇宙産業全体の推進力になり宇宙資源開発能力を持った上で、国際ルール形成に主導的役割で関与する必要があるのではないか。

### 3．日本を挑戦者に開かれたイノベーション大国にするため

　産業界や日本社会全体に向けたメッセージ効果を期待した。そもそも法律というものは、その必

要性や正当性がなければ成立することはない。これを専門用語で立法事実というが[5]、宇宙資源法ではこの点を厳しく指摘された。曰く、宇宙資源は実際にはまだ事業になっておらず、実務上の問題が顕在化していないため立法事実がない、というものだ。すなわち、ルールが明確に定まっていない新規領域でビジネスをやろうとする場合、既存の権利や規制に合致するかどうかは必ずしも明確でなく、事業者にとって最も重要な予見可能性が確保できないばかりか、投資家も投資判断をしない事態に陥る場合がある。しかし、そうした事態を回避するために法整備を試みようとすると、問題が顕在化していないために立法事実の立証ができず、従って法整備は困難となる。つまり、どれほど大きな可能性を秘めた新しい技術やビジネスでも、実際にやってみて問題が顕在化しない限り法整備ができないのであれば、これまでにない新しい事業は日本国内ではできない、ということになる。逆に、新しい事業をやろうとする企業は実施しやすい外国へ行ってしまい、我が国のイノベーションの機会が失われるということになってしまう。この壁を打破した一例が、まさしくこの宇宙資源法だ。新規事業を計画している方には大きなメッセージになるのではないか。

5　立法事実とは、法律の目的や手段を基礎付ける社会的な事実であり、法律の必要性や正当性を根拠付けるものである。宇宙資源法の場合、対象となる事業者が実際に事業を行い、業務に支障をきたしているなど、法律の規定がなければ解決されない事実を立証しなければ、立法化は困難とされる。この点、ルールが整備されていない領域で事業を始めることは困難で、立法事実を絶対視する考えはイノベーションには適さないとの意見もある。

科学技術力こそが国力の源泉との強い思いがある。だからこそイノベーションに適した国にしたい。挑戦する人を応援する国でありたい。国際ルール形成に主導的役割を果たせる日本にしたい。それによって国際秩序や国内政治の喧騒を掻き分けて、雄々しく堂々と進める日本にしたい。そんな思いが込められた法律だ。

## Ⅱ　法案審議プロセス全記録

２０１９年末の我々の決意から年が明けて２０２０年に入ると、早速実作業に取り掛かった。１月に何度か簡単な打ち合わせをし、２月から有識者ヒアリングを開始。法案成立の目標を遅くとも年末の臨時国会と定め、まずは考えうる全ての規定を盛り込んだフルスペックの骨子案を作り、そこからトリムダウンすることとした。法案を作りこんで党内法案審査をパスすると、全力で怒涛の運動を展開した。しかし挫折と希望の連続の結果、２０２０年中の成立は断念せざるを得なくなる。翌２０２１年の通常国会でも何度も諦めかけたが、周囲の支えを力に再び一念発起、怒涛の根回し活動を再開し、会期終局の場面でついに念願の成立を果たした。

ここでは水面下での非公式な協議を除き、自民党宇宙・海洋開発特別委員会、同宇宙法制・条約に関するワーキングチーム（以下、宇宙法制ＷＴ）、そして自民・公明・立民・国民・維新の超党派から成る宇宙基本法フォローアップ議員協議会（以下、ＦＵ協議会）を中心に、公式な会議の開催記録を公開することで、我々がどのような問題意識に立ち、論点整理をし、困難を乗り越えて行ったのかを残しておきたい。

Date：2019/12/12

第１回　宇宙法制 WT

✓宇宙資源法整備等の検討のために設置された宇宙法制 WT で、新たな役員案（小林は座長、大野は幹事長）が了承され、法整備に向けた検討を進めることが了承された。

Date：2020/2/20

第２回　宇宙法制 WT

✓宇宙資源の所有権に係る宇宙条約の解釈について有識者（西村あさひ法律事務所・水島淳弁護士）から意見聴取。私人の所有権に関して、過去には国際社会で論争があったものの、現時点では積極的反対を表明する国は見当たらず、国際宇宙法学会は宇宙資源の使用は認めうるとする立場であること、法制化の際は①他国に不利益を与えない②環境への配慮③利益配分への配慮など要検討、とのこと。

Date：2020/2/28

第３回　宇宙法制 WT

✓宇宙資源の所有に係る法制度について、衆議院法制局と論点整理のための準備作業を開始。日本で法整備する場合、実体法として機能させるには単に所有権を認める規定だけでは足らず、探査・利用事業に関する許可や監督の仕組みが必要。その場合、宇宙資源の定義、許可要件、その他の監督、許可取消し等の規定をどうするか、また、法形式的には宇宙活動法の改正なのか新法なのか、あるいは実体法ではなくプログラム法なのか、など論点整理を進めることとした。

Date：2020/3/12

**第4回　宇宙法制WT**

✓宇宙資源に関する法制上の論点について有識者（慶應義塾大学大学院法務研究科・青木節子教授）から意見聴取。宇宙条約第1条には探査利用の自由が謳われているが、利用の中に自由な採取や売買が含まれるのかは未解決とされていること、少なくとも埋蔵資源は共同財産とされていること、一方で2017年以降のCOPUOSでは採取された後の資源の所有権は存在するとしており、従って課題はそのプロセスにあるとのこと。

✓宇宙資源に関する法制上の論点について有識者（学習院大学法学部・小塚荘一郎教授）から意見聴取。先行する米国、ルクセンブルク、UAEの関連法の構成と特徴を解説頂く。宇宙資源の探査・開発・取得が違法だという積極的意見は国際社会から出されていない、宇宙資源を開発・利用しようとする企業が日本に実在することを踏まえ日本は実体法とすべき、その際は国際社会からみて透明性を担保するための登録制度、他国と競合した際の国家間調整や国際的相互承認の仕組み、また伴う損害賠償責任などについて十分な検討が必要とのこと。

✓質疑応答は主に国際法との整合性について。天体上の土地の恒久利用を国内法に規定すれば宇宙条約に明確に違反するが、期限を付して占有することは場合によっては可能ではないか、宇宙条約で科学調査目的の宇宙資源の探査・利用が自由とされるのは全人類に裨益するためとされるが、最近では何が科学調査か比較的幅広く認められるようになりつつあること、などが議論された。

Date：2020/3/27

**第5回　宇宙法制WT**

✓宇宙資源の所有等に関する法制度について法制局と議論。WT案の基本的考え方として①産業振興を図る②国際ルールに関与する力を高める③国際的義務の遵守を前提として諸外国の法律を著しく超えることはしない、また具体的な法律のイメージとして、名称、目的、定義、国の責務、許可、許可の取消し、態様、宇宙資源に対する権利、監督、各国間調整など、具体的な方向性を示した。

✓質疑応答はWT案について。恒久法or暫定法、対象資源の範囲、利用の範囲、鉱区や期間などの特定の要不要とその範囲、宇宙活動法との関係、所有権設定と監督の要不要及びその及ぶ範囲、宇宙資源の所有権と民法の原則、損害賠償規定の要不要、国際調整と許認可などが議論された。

Date：2020/4/7

**第6回　宇宙法制WT**

✓宇宙活動法との関係整理について法制局と議論。宇宙活動法は打上げ単位・衛星単位での許可で、対象者は国内打上げ施設と国内管理施設、許可要件は基本的には宇宙諸条約との整合性を見るもの。宇宙資源の探査・開発の場合、事業単位の許可になるのではないか。その場合、①事業活動（どこで、どのような物を、いつまで、どのように）の規定②宇宙資源に対する権利の規定③宇宙資源の利用制限（地球環境汚染や健康被害防止の観点から安全確保措置）が必要ではないか、また、探査・開発の許可要件として、宇宙活動法の許可要件に⑴事業遂行能力⑵鉱区や活動領域の競願関係の調整⑶合理的かつ円滑な開発の実施確保、などの追加が必要ではないか。

✓宇宙資源の探査及び開発等に関する法制度案について小塚教授から意見聴取。属地主義か属人主義かの論点があるが前者ではどうか、海外許可の活動は日本政府に報告してもらうことでどうか、定義については探査、資源探査と宇宙探査の違いを明確にすべきではないか、権利の付与に紐づいて国際公表を国の責務とするのはどうか、規制の内容を新法に書き込むのか宇宙活動法で対応するのか整理が必要ではないか、など議論。

✓宇宙資源探査開発に関し事業性の視点で水島弁護士から意見聴取。所有権について、デューデリジェンスは重要だが規制内容は必要最小限にすべきではないか、それは国際協調と環境保護になるのではないか、とのこと。

✓宇宙資源に関する国際枠組みであるハーグ WG の動向及び

事業性について有識者（西村あさひ法律事務所・石戸信平弁護士）から意見聴取。ハーグWGでは国際社会の実態に合わせて国際ルールを定めていくアダプティブレギュレーションという考え方が支配的になりつつあるが、それでは恐らく時間を要するため各国が必要な制度を各自整備すべきとする意見もある一方で、事業性については少なくとも営業上の秘密が公開されないようなシステムが必要ではないか、許可についてはビジネス促進とのバランスが重要ではないか、とのこと。

Date：2020/5/1

**第7回　宇宙法制WT**

✓WTの基本的考え方に基づき、WTから改めて宇宙活動法とは独立した許可要件を全て網羅したフルスペックの骨子イメージ案（以下、A案）を提示。主に、許可要件に関して宇宙活動法との関係整理について、そして所有権の発生起源及びその効力について、またその他、所有権と利用権の関係、管理施設の所在地（宇宙空間上にあった場合）などについて議論。

Date：2020/5/18

**第8回　宇宙法制WT**

✓A案について議論。急進展しているアルテミス計画の交渉状況について政府に状況報告を求め、A案との整合性をどのようにとるか、また、宇宙活動法との接続について意見交換。

↖

その他、Ａ案を各省庁及び有識者に提示し意見書の提出を求めた。

Date：2020/5/19

**第９回　宇宙法制 WT**

✓新しい骨子イメージ案（以下、Ｂ案）を提示。宇宙活動法との接続に関する問題点を全面的に解消するため、実質的には所有権の宣言のみを記載したもので、許可要件の全てを宇宙資源法に担わせる案とした。Ａ案及びＢ案両睨みで、主に宇宙活動法の許可、探査開発を行う地点や期間・能力などの審査、産業の健全な発展及び国際競争力強化への適切な配慮、資源所有権、国際ルール作りへの貢献などについて議論。

Date：2020/5/20

**第10回　宇宙法制 WT**

✓小塚教授、水島弁護士から意見書を頂き、Ａ案Ｂ案の両方について、主に、国際ルール作り、許可制度、探査開発の対象地点の公開制度、宇宙活動法では想定されていない宇宙空間上の施設による管理、事業者の予見性を高めるための申請内容の法律上への記載などについて議論。

Date：2020/5/21

**第11回　宇宙法制 WT**

✓Ａ案について、各省庁及び有識者から受領した意見書に基づき修正の上、アルテミス計画との整合性を保つために、区域と宇宙資源開発国に関する記述を削除したＡ改案を提示。

Date：2020/5/22

**第12回　宇宙法制 WT**

✓Ａ改案とＢ案の折衷案として、宇宙資源に必要な許可要件を宇宙活動法に上書き追加するＣ案を提示。衛星管理施設の所在地規定など、細部について議論した結果、Ｃ案を有力案とすることで概ね合意、細部を詰めることとした。

Date：2020/5/29

**第13回　宇宙法制 WT**

✓Ｃ案の最終調整。許可の対象に関し、①日本の管轄権が及ばない管理施設での資源開発は対象外とする②管轄権を実際に行使できる管理施設での資源開発に対象を限定する③公表制度については事業者にとって過度に不利益とならないよう配慮する④宇宙条約等の国際約束に所有権は制約され得る[1]⑤宇宙条約第１条に科学的探査は自由とあることから科学的調査を目的とするものは除外すべき⑥対象は管轄権を有する人工衛星とすべき、などについて検討＆議論。

1　領海等における外国船舶の航行に関する法律第11条を参考に「法律の施行に当たっては、我が国が締結した条約その他の国際約束の誠実な履行を妨げることがないよう留意しなければならない。」などの文言を検討すべきではないかとの意見があった。

Date：2020/6/2

**自民党宇宙・海洋開発特別委員会**

✓宇宙資源法案骨子案の趣旨説明を行い了承された。

Date：2020/6/8

**FU 協議会**

✓宇宙基本計画改定の審議が行われた際、自民党から宇宙資源法案骨子イメージ案を提示の上、法制化の検討を FU 協議会で行うことを提案。その結果、実務担当者会議[2] を設置し、自民党案をベースに有識者や民間事業者からヒアリングを行いながら検討を進めていくこととなった。

2　メンバーは、自民：大野敬太郎・小林鷹之、公明：新妻秀規（参）、立民：青柳陽一郎、国民：浅野哲、維新：清水貴之（参）。

Date：2020/6/18

**第1回　FU 協議会実務担当者打合会**

✓宇宙資源を巡る国際情勢、ハーグ WG での議論の状況、民間事業者の動向について、内閣府宇宙開発戦略推進事務局、石戸弁護士、株式会社 ispace・袴田武史 Founder & CEO から意見聴取。米国やルクセンブルクでは国内法が制定されており、COPUOS やハーグ WG では探査・開発・利用について意見交換が行われている、特にハーグ WG では採取した宇宙資源に財産権が認められ得ることは所与の前提となっており、ビジネスや科学技術の進展状況を踏まえながら規制等の制度を構築する方向にある、適度な監督と権利性の承認を明確にする国際条理の構築と国内法の整備が必要、その一方で日本の国際競争力確保の観点から宇宙ビジネスを進めている事業者にとって立法化は極めて重要、過度な規制は事業者の参入にとって障害になる、宇宙資源は宇宙産業の中心的推進力となり得る、とのこと。

✓質疑応答ではルクセンブルクでの宇宙資源関係市場の動向、途上国利益に関するハーグWGでの議論の状況[3]、先行者利益と人類共通資産のバランス、閣法ではなく議員立法である理由、資源の持ち帰りによるリスク、などについて議論。

3　収益の分配までは不要とし、公開できる段階での技術公開や能力構築等が議論されている。

Date：2020/7/2

**第2回　FU協議会実務担当者打合会**

✓宇宙資源探査に関する国際動向と我が国の法律に期待される役割について小塚教授から意見聴取。日本には資源探査・開発を目指す事業主体が存在するため、①宇宙資源探査・開発への投資・出資の促進②国内事業者が海外事業者との間で競合・干渉等が生じた際の平和的調整による保護、を達成すべき、そのためには(1)宇宙資源開発が我が国の法制度の下で適法であることの明示(2)探査・開発により取得した宇宙資源の権利の明確化(3)国による公表・公示の3つの法制度が必要であり、WT骨子イメージ案には概ね盛り込まれているとのこと。

✓質疑応答では事業者リスクの担保方法[4]、宇宙資源関係法整備国の3か国以外の検討状況（オーストラリア・イギリスは打上げ法を整備済み）、アルテミス計画と国内法整備の関係[5]、国際的な紛争解決手段[6]、中国・ロシアの動向[7]、などについて議論。

4　許可制度に直接組み込むなどの方法がある。

5　米国国内法と内容的に合致する法制度があれば、より対等な関係で交渉が進められるのではないか、との意見があった。

6　国連に登録簿を設けることが理想だが、まずは先行国で登録簿を作成・共有・公示する仕組み等が考えられる。

7　中国は宇宙資源の権利性について積極的な立場だが、狙っている資源は水よりもヘリウム3ではないか、ロシアは輸送手段にはコミットしてくるかもしれないが、資源の開発自体にはそれほど積極的な姿勢は見られない。

Date：2020/7/22

**第3回　FU 協議会実務担当者打合会**

✓月面での食料確保等について有識者（一般社団法人 SPACE FOODSPHERE・小正瑞季代表理事）から意見聴取。月面等での有人ミッションによる長期滞在に備え、宇宙空間での食糧供給システムの構築、閉鎖空間での QOL 向上などの取組み紹介があった。

✓宇宙資源法制化の必要性について水島弁護士から意見聴取。例えば米国で打上げ法が制定されたことで SpaceX が商業打上事業の分野で世界トップシェアを獲得したように、民間事業者が具体的な事業を展開する前に法整備することで国内の産業を育てられるとのこと。

✓質疑応答では想定される宇宙資源（水以外に月面のレゴリスや稀少鉱物等）、法制化しない場合のインパクト（事業者の海外流出）、法制化する場合のインパクト（人材・技術・資金等の呼び込み）、産業振興のための具体的な国・事業者の活動[8]、ハーグ WG と国連委員会の関係[9]などについて議論。

8　産業振興上、法整備によって権利と許可要件を明確にすべきとの意見があった。

9　ハーグ WG では、宇宙条約上宇宙資源の取得が禁止されないため、後は国内法の問題であって条約締結は必須でないと整理された。

Date：2020/8/18

**第4回　FU 協議会実務担当者打合会**

✓宇宙資源法整備について宇宙関連団体から意見聴取。JAXA からは、月を周回するゲートウェイと月を往復するロケットの燃料は将来的に月の水を使って賄うことができるため、各国とも2020年以降月の資源を狙ったミッションを活発化していること、宇宙条約では採取した資源の取扱いについて統一的な見解がないため、民間企業との協力を進める観点から法整備は重要であること、一般社団法人日本航空宇宙工業会（SJAC）からは、月面の水や小惑星のレアメタルなど多様な資源の開発技術の検討が必要ではないか、JAXA 資産活用等による民間支援が必要ではないか、早期法整備は国際ルール策定に有利、などの意見を頂いた。

✓質疑応答では産業界の動向（例えば100社くらいの事業者が参加する月面産業の勉強会があるなど）、最終的な国民の利益（新たな市場の開拓と捉えている産業もある）、ラグランジュポイントなどについて議論。

Date：2020/9/3

**第5回　FU協議会実務担当者打合会**

✓月面探査に関する国際動向とJAXAの取組みについて有識者（JAXA特別参与・若田光一宇宙飛行士）から意見聴取。多くの国が月面探査に関心を示しており、各国宇宙機関で構成される国際宇宙探査協働グループ（ISECG）で行っている月探査シナリオと技術検討について詳細な解説を頂いた。着陸探査フェーズは2025年、インフラ構築フェーズは2035年、事業フェーズは2045年を目途としており、計画実現には民間企業とのパートナーシップ（商用活動）など持続的活動が最重要課題であるとの認識が共有されているとのこと。一方、JAXAのJ─SPARCという宇宙イノベーションパートナーシッププログラムの紹介があった。民間と連携して新しい関連事業の創出を目指しており、特に探査の分野では、宇宙探査イノベーションハブというプロジェクトを展開中（具体的にはSLIMやMMX）。また、ISSが月に向けた技術実証の役割も果たしているとのこと。

✓質疑応答では検討中の宇宙資源法案について議論。民間活動を後押しし持続的な探査に貢献するものとの認識の上で、アルテミス計画も含め各国が探査活動を本格化させており、国内法整備を果たした先行３か国以外も法整備を検討している状況につき、他国の模範になるようできるだけ早期に成立させるべき、また地上設備による管理だけではなく、軌道上の衛星による管理の可能性についても法律上可能になるよう検討を進めるべき、その他、月面環境（無重力、レゴリス、放射能等）が人体に与える影響など。

Date：2020/9/14

**第14回　宇宙法制 WT**

✓宇宙資源の所有権に関する法的整理を行った。法の適用に関する通則に定められている物権の得喪（とくそう）は目的物の所在地によるとされる。日本国内であれば民法の無主物先占が適用されるが、宇宙では所在地がないため、日本の民法が適用されるかどうかは不明とされる。では何が根拠として適用されるかというと「条理」で判断するしかない。JAXA は民法の無主物先占の法理を適用している。日本国のプロジェクトなので日本国と結びつきが強く、他国から反対は予想されないので、条理として民法を援用している。宇宙資源も民法を援用してもよいが、改めて本法律での位置付けを明確化する方向としたい。なお、宇宙資源法で明記することには２つの意味があり、１つは民法上の所有権を宣言して政府が確認できる状況にすること、もう１つは違法に採掘したものは違法として所有権は発生しないとすることである。

Date：2020/9/17

**FU 協議会**

✓条文イメージ案を審議し了承された。また、臨時国会での成立を目指すこと、そのための条文化作業を進めること、状況を見て適宜協議会を開催すること、さらに各党で議論を進めることを確認。

Date：2020/10/22

**FU 協議会**

✓臨時国会中に法案成立に向けて活動すること、各党11月10日を目途に党内プロセスの完了を目指すこと、また条文化作業は11月５日の完了を目指すことを確認。

Date：2020/11/5

**自民党宇宙・海洋開発特別委員会・内閣第二部会合同会議**

✓宇宙資源法案の法案審査が行われ了承された。

Date：2020/11/10

**自民党政務調査審議会及び総務会**

✓宇宙資源法案の法案審査が行われ、両会議での了承をもって党内手続きが完了した。

Date：2020/11/17

**自民党国会対策委員会及び与党責任者会議**

✓宇宙資源法案の法案説明を行い了承された。

Date：2020/11/19

**今国会成立断念**

Date：2021/1/27

**FU 協議会（リモート）**

✓令和2年臨時国会では当協議会メンバーによる積極的な活動により各党法案審査プロセスを完了させることはできたが、諸事情で見送られた経緯を事務局から説明した上で、令和3年通常国会で法案成立を目指していくことを確認。

Date：2021/6/2～10

**第6回～第10回　FU 協議会実務担当者打合会**

✓通常国会成立に向けて断続的に FU 協議会実務担当者打合会を開催し、各党衆参国対・委員会との調整状況を共有。

Date：2021/6/9

**衆議院内閣委員会**

✓衆議院内閣委員会に提出された宇宙資源法案が可決された。河村建夫座長が趣旨説明を行い、実務担当者が質疑対応を行った。

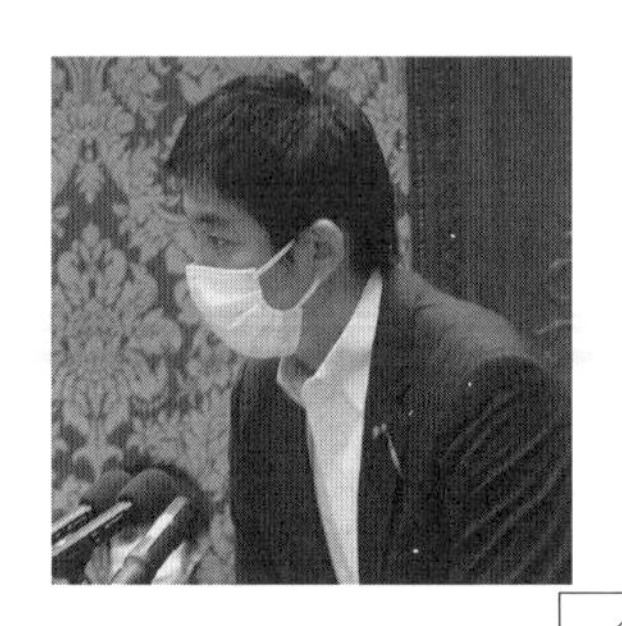

Date：2021/6/10

**衆議院本会議にて可決**

Date：2021/6/14

**参議院内閣委員会**

✓参議院内閣委員会に提出された宇宙資源法案が可決された。木原誠二衆議院内閣委員長が趣旨説明を行い、実務担当者が質疑対応を行った。

Date：2021/6/15

**参議院本会議にて可決、成立！**

法案可決直後にがっちり握手

# 議員立法での立案へ
## ―小林鷹之＆大野敬太郎　特別対談―

### 資源法の夜明け前

小林　我々が宇宙資源に着目し始めた2018年当時を振り返ると、党内で宇宙と言うとスペースデブリが最も目立っていましたよね。小泉進次郎さんが人類共通の社会課題だと旗を振って党内で議論を始め、環境大臣になってからも環境政策としてリードしていました。すごく重要なテーマですが、宇宙は産業振興や安全保障の観点から未知のフロンティアですから、他にも国が取り組むべきことは数多くあるのではないかとずっと悶々としてたんですよ。そこでいろいろ文献を調べていたら、米国などが宇宙資源に所有権を認める法律を既に制定し、日本にも挑戦する企業が存在することを知って、これはやらなければならないと思ったんです。チャレンジ精神溢れる企業を応援する国でありたいんですよね。

**大野**　そうですよね。さらに言えば国際ルールを形成できるような国際政治力も必要ですよね、日本には。

**小林**　そこで政府に対する過去の自民党の提言を見返してみたら、まさに敬太郎さんがずっと関わってこられたものですけど、毎回記載されているんですね。宇宙資源法が必要だと。

**大野**　すいません。まさに書いてあるだけに終わってた……（苦笑）。

**小林**　なんでかなと（笑）。それで政府に訊いてみたら『難しいです』と。だいぶ後ろ向きな感じで。

**大野**　そうなんですよね。確かに難しいのは分かるんです。宇宙資源の扱いは国際ルールも定まってないし、国内法的にも杓子定規に解釈すれば立法事実に難点がある（P125参照）。でも、宇宙資源の開発を独自資金でやろうとする民間ベンチャーがあるんだったら、後押ししない手はないんです。実は初当選以来常に宇宙政策に携わってきましたけど、民間の利活用がいまいち進んでいないことに問題意識を持っていて、政府への提言活動を続けてきました。マーケットが広がらなければ政府の調達コストも下がらず、国際競争力は低下する一方です。そこで注目したのが宇宙ビッグデータによる民間利活用の可能性でした。衛星データの

利活用を進めることで、宇宙と無関係の民間事業者が宇宙ビジネス市場に参入し得るための一つの大きなパスになるのではないかと。そして２０１８年あたりから、河村建夫先生（自民党宇宙・海洋開発特別委員会委員長）が主催する別の勉強会で本格的に検討を始め、そこでまとまったものがTellus（P96参照）に繋がっていったんです。

小林　まさにTellusがローンチされたように、これからの時代は衛星データがより重要になってくる。だからこそ宇宙の状況監視が重要で、そのためＳＳＡをしっかり確立し運用していくことが今後の宇宙産業の振興に必要だと思ってるんです。もちろん他にもやるべきことはたくさんあるけれど、まずは宇宙資源に所有権を認めるということと、ＳＳＡを日本の技術で確立させるということをどうしても実現したくて河村先生に打診したのが２０１９年の11月頃。了承頂き、次いで敬太郎さんに話したら『それはやるべきだ』と賛同してくれて。

大野　同志降臨という気持ちでした。民間資金が段々と市場に流れるようになってきて民間利活用の広がりをかなり感じ始めていた時期に、党内の宇宙関係勉強会で講師としてお招きしたispaceの袴田さんが『月面の水を使って燃料にしたい』と言い出した時（P164参照）には随分とぶっ飛んだことを言うなと思いましたが、でも日本企業がそれを本気でやろうとしているなら国が応援しないわけにはいかんと思い、それで政府への働きかけを始めたんですがなかなか上手くいかなかった。もちろん、私も政府がすぐに動くのは難しいだろうなということとも正直分かってはいた。そんな時に、小林さんが議員立法（以下、議法）で宇宙資源法を作ると言い出した時は『まさにそれだ！』『やっちゃおう！』と即同意しました。

小林　本気でやりたいと思う人間が二人いればなんとかなると思って（笑）。こんな感じで2019年の終わりに決意し、それ以来、我々二人を〝自民党の宇宙兄弟〟と。あくまで自称ですけどね（笑）。最初の作戦会議の議題は、どうすれば政府が本気になってくれるのか。当初我々が議論し始めた時は、お手並み拝見という感じで（苦笑）。結局、我々だけで唸りながら法案を作り始めたら、こちらの本気度が伝わったのか少しずつ前向きになってくれた。

## 小林、政府をドン引きさせるの巻

大野　2020年の年明け早々から本格的に議論を始めるんですが、法案骨子を作り始める前の意識合わせの段階で、様々な課題にぶち当たったじゃないですか。まずは法形式としての宇宙活動法との関係をどうするのか、ということだったんですが、宇宙活動法を改正して所有権の規定を新設するか、所有権については宣言だけにして宇宙基本法を改正するか、あるいは独立した新法を整備するのか、三つの方向性がありました。それぞれに課題が残るゆえ結論がなかなか出ない中、小林さんが自ら執筆したフルスペックの『骨子イメージ案』を叩きつけてきた時は、みんな大騒ぎになって（笑）。

小林　僕が覚えているのが、その前に敬太郎さんが業法にしてはどうかという話をしたんですよ。宇宙は未知の領域だから資源以外にも将来様々な事業が出てくるかもしれない。だから業法のような立て付けでできないかっていう。

大野　いわゆる建設業法みたいに、規制をかけた上で業の健全な発展と利用者との利害調整の方向性を定める宇宙資源開発業法みたいなイメージでした。将来的に月面活動が盛んになれば、国際関係も含めた利害調整が必要になるでしょうから。ただ、盛んになってもいない業界でそもそも規制法である理由はなく、むしろ推進法のイメージにした方がいいという話になりまして、結果的に先ほど触れた小林さんのイメージ案に繋がった。

小林　いずれにせよ、法形式については独立した新法で考えることにしたんですよね。理由は、宇宙活動法が一回一回打ち上げる衛星単位の法律だったので、宇宙資源開発利用のように事業単位で考えなければならない活動に馴染まないだろうと。宇宙活動法を必要最小限に改正して、基本的には新法で事業単位の推進法にしようということが決まった。それが骨子イメージ案でした。

大野　今思い返してみれば、このイメージ案は我々と政府を繋ぐ大きな鎹（かすがい）になったと思う。あれで政府の眼の色がガラッと変わった。政府側にも魂が入り協力態勢に変わった瞬間だったと思う。

小林　魂が入ったのかドン引きしたのか分かりませんけど（笑）。でもその直後にアルテミス合意が急進展して。

大野　そうなんですよね。アルテミス合意の進展を受けて、政府も急に『ちょっと書き過ぎ』『これは無理』『やめて』などいろいろダメ出しし始め（笑）。特にイメージ案にあった鉱区に関する規定が大問題となった。この辺りから法案の中身について、宇宙資源の国際法上の位置付けや環境に対するインパクトなど、いろんな視点の議論をそれはもう結構な労力と時間をかけて重ねに重ねましたがとても充実した疲労感でした。

小林　相当議論しましたよね。そもそも主権の及ばない範囲の所有権を認めるという話だから法務省も乗り気には見えなかったし。

大野　日本の民法上の所有権の位置付けを宇宙空間においてどう展開するか、その論理構成をどうしようか、二人で悩みに悩みました。ある種、この法律の心臓部分ですから上手く整理できるか多少は不安でしたが、最終的には綺麗に整理できてよかったです。

小林　条理の話（Ｐ140参照）ですよね。あと大きな課題で言えば、国際調整をどうやって規定するのかでした。当時すごく心強かったのが、最初は我々二人ぼっちでやっていた中で、小塚先生、水島先生、石戸先生のお三方が応援団になってくれたこと。宇宙法の専門家の方々が

『やるべきだ』と仰ってくださったのは本当に力になりましたし感謝していますね。

**大野**　本当に。水島先生・石戸先生は『ビジネスの観点に立って、規制をあまり強めるべきではない』とバランスを取ってくださったし、小塚先生には全体の骨格を形作れるような議論を誘導して頂いた。それからＣＯＰＵＯＳ議長の青木先生にもお世話になった。まさに国際政治のど真ん中におられる方なので、国際法上の観点から困難にぶち当たる可能性を指摘頂きながらも、宇宙資源法の可能性を見出してくださって。

**小林**　野党の先生方からもご指摘をたくさん頂いて、それらについても皆で一つ一つ検討して……いろいろ大変でしたけど、なんだかんだで5月には骨子案ができあがって。短期間でよくここまで形作れたなあと。二人で密に連携できたから早かったというのもありますね。

## いざ、国会！〝自民党の宇宙兄弟〟国会奮闘記

**大野**　そうして完成した骨子案が6月初めに党内で了承されて。

**小林**　正直、最初は頑張れば6月の通常国会でいけるんじゃないかと思ってたんです。政府に対しても『この通常国会（２０２０年）でやる』と宣言して。結局、アルテミス計画が進展し、宇宙資源の議論も国際場裏で進んでいたので、早くやらないと意味がないと感じてたんです

よね。

**大野**　かなり息巻いてましたね。それと、たまたま2020年が宇宙基本計画の改訂年で、それについての議論を超党派で行うために協議会が開かれることになったんですが、このタイミングで協議会の事務局長をたまたま仰せつかった。まさにチャンス到来、これはもう天が宇宙資源法をやれと言っているのかと。法律案をこの協議会にお諮りしたらどうかと思い立ち、小林さんに話したら『いいぞ！　やれ！』と（笑）。これがきっかけになって超党派協議会に提案することになったんです。結果、すんなり受け入れて頂けて。

**小林**　否定的な意見が出るんじゃないかと憂慮してたんですけど、野党の皆さんが興味を持って聞いてくださった。

**大野**　ただ現実的に6月の通常国会はやはり無理があり、致し方なく照準を9月以降の臨時国会に定めざるを得なかったんですよね。プチ挫折（笑）。ただ閉会中も月に数回協議会を開いて、宇宙飛行士の若田光一さんや宇宙ベンチャーをお招きして宇宙資源の取扱いについての議論を深められ、また超党派で意識を共有できたのはよかった。

**小林**　閉会中でしたから、各党内で法案審査プロセスを進めて頂くのは非常に困難でしたよね。その上、秋に臨時国会が開かれても、法案審査に取り掛かるとなると時間的に厳しいことは、各党からそれとなく聞いていましたし……。

大野　それでもとにかく9月以降の臨時国会での成立を目指そうと超党派協議会でお諮りし、各党の意志ではなく協議会の意志としてならということで了承を頂いた。ところが条文の方が実はまだまだ生煮えな状態だったじゃないですか。法制局の作業が滞ってたんですよね。小林さんが怒りの眼差しで『なんでできないんですか⁉』って問い詰めたりして……。

小林　確かに焦燥感に駆られてはいましたね……（笑）。

大野　そうしたものすごいフラストレーションを抱えながら我々は怒濤の根回し作業に突入していくんですけど……これは暴れましたね。

小林　いやあ、暴れましたね（笑）。

大野　自民党の先生方と野党の先生方を二人で手分けして説明にまわって。小林さんの戦車のような前進力というか執念には感嘆しました。全力疾走の結果、各党なんとか党内プロセスを終えて頂ける段取りに一応なったんですけど……。

小林　この段階で手応えはすごく感じていたんですよ。このままいけるぞっていう。

大野　ところがここに来てぶちあたった最大の難関は〝委員会が立たない〟ということ。法案自体は整い、各党内の法案審査も目途が立ったのに、委員会に諮る機会が頂けない。そこで我々はどうしたかというと、委員会の責任者である筆頭や理事の先生方を日参し、時にはノーアポで突撃してお願いをするという手段に出た（笑）。アポを取ってる時間的余裕もないから、

小林　直接議員会館の部屋に行って先生方が帰ってくるまで待ち続けたり（笑）。新聞記者みたいになってましたよね。

大野　帰ってくるのを待ち伏せしましたね（笑）。

小林　ある時は理事会の現場まで出向いて行って、委員会の最中に野党の理事の先生に『あの〜先生、ちょっとだけお時間よろしいですか、実はお願いが……』などと言って怒られたり（笑）。それでも懲りずに二人でその先生の議員会館の部屋まで行ったけれども会うこともできず、秘書の方も結構厳しいご対応で（笑）。そんな調子でしたから内閣委員会筆頭のA先生や国会対策委員会筆頭のB先生、国対内閣委担当のC先生には本当に迷惑かけましたよね……（苦笑）。でも本当に有り難かった。こうした先輩方の動きに感動してましたもんね、敬太郎さん。

大野　あの時はもう……古い言い方ですが先輩方には本当に男気を感じました。それまで政策一本やりで仕事をしてきましたが、本当に何か熱いものが胸の中に込み上げるのを感じたんです。この法案のためにここまでやってくれるのかと。内閣委員会って本当に毎回かなりの数の法案を審議していて、そこにどうにか宇宙資源法案をねじ込もうとしていたので、普通では入らない。そういう状態で、他の法案の審議状況が正確に分かっていない我々に、ねじ込める方法を逆に提案頂いたり、親身にアドバイスを頂いた。いい先輩方に恵まれているなとつく

小林　づく感じていました。奮い立ちましたよ。
　　それこそ国会内の国対の部屋に行ってＢ先生に直談判した時も、あの手この手を使ってどうにか委員会にねじ込めないか、いろいろ考えてくれましたよね。諦めずにもうちょっと頑張ってみろと背中を押してもくださった。

大野　正攻法では到底無理なので、それこそウルトラＣくらいの、否、小林さんはウルトラＸと呼んでいましたが、例えば参議院で先に通してくれたら衆議院でなんとか枠をもらえるんじゃないかとか、それこそこのためだけに本会議をたてるとか、普通はあり得ないような手立てまでＢ先生が模索をしてくださったんですよね。一方で、野党サイドについてもあの手この手でない知恵を絞りだしましたよね。普段であれば少し気が引けるような野党の有名代議士に直接掛け合ったりして。お前ら誰だ、という目線を感じながら。

小林　確かにもう勢いだけで攻め込みましたね。例えば、国民民主党の前原誠司先生（ＦＵ協議会共同座長）や立憲民主党の野田佳彦元総理（同顧問）へは、今思えば大変失礼なことをしましたよね……。

大野　野党の皆さんの賛同がなければどうにも進まないから、両先生にその取り纏め役をお願いしにいこうという話に二人でなり、タイムリミットが迫る中でどうにか捕まえようと。でもアポが思うように取れなくて、めちゃくちゃ切羽詰まってきて……。そんな時に『前原先生が

小林　今、議員会館の地下にいる』という有り難い情報をゲットし（笑）、それで二人で急いで地下に降りていったら、本当の本当に偶然、地下のコンビニ前で野田先生に遭遇して！　これはもう手分けしていくしかないと（笑）。

小林　野田先生は敬太郎さんに任して、僕は前原先生のところへ向かった（笑）。やっぱり人間必死で頑張っていると運を呼び寄せられるんだなと思いましたね。結果的に先生方はすごく前向きに話を聞いてくださって、『そこまで言うなら分かった』と。実際にそのあと動いて頂いた。我々の熱意が野党の重鎮に届いた！（笑）

大野　無名の二人が暴れ回ってね（笑）。熱意が運を呼び寄せたというのは本当にあると思う。法案の意味合いを思えば、本当に感動的なシーンだったんですよね。我々を突き動かしていたのは、さっき小林さんが言ったように、国際場裏での宇宙資源の議論の進展を先取りしたいということでしたから。

## 挫折と希望の連続、その果てに……

小林　ただ結果的には、その年の臨時国会での成立は断念することになった。残念でしたよね。それで年末に二人で首を垂れながら党本部のエレベーターに乗ったら馳浩先生（現・石川県知事）と一緒になり、余りに我々ががっかりしているのを察したのか馳先生が『どうした？』と。そこで事情を話したら『そういうのはな、日頃から野党ともちゃんと人間関係を作って、重鎮の先生方のお力に与りながらも、後ろでこそっと自分たちからもアプローチしないとダメなんだよ』と。勉強になるなと思いました。

**大野**　そういう有り難いアドバイスを本当に多くの先輩議員から頂きましたよね。これが党の力かと。こう言ってはなんだけど、先輩方には法案の重要性は理解頂いていましたが、別に中身自体にすごくご関心があるわけでもなかったと思うんです。我々があまりにもわーわー言い続けたもんだから、次第に熱意を共有してくださるようになったのかなと。本当にあり得ないほどのご尽力を先輩方にして頂いた。

**小林**　年末にA先生とB先生が『お前らよく頑張った』と慰労の席を設けてくださったりもしたんですよね。あれはすごく嬉しかった。その席でも、B先生が『次の通常国会で最優先でやれるように頑張るから』と仰ってくださって。

**大野**　年明け以降、党内でも宇宙資源法案の認知度がだいぶ上がってきて、周囲の協力度合いが本当にぐんと上がった。前年の反省をすれば、審議のプロセスを正式に踏むだけで、やることはやった、と安心してしまっていた。考えてみたら、絶対に安心なんかできないですよ。議法より閣法が優先されるので、委員会日程の一番最後にしか入らないんだから。それで結果的にまたすごくスケジュールがタイトになって……。

**小林**　しかも衆院選の年だったからいつ解散になるか分からない状況で。だから今回は微塵も安心せず常に警戒態勢を取ろうと二人で誓ったんですが、結局はまた追い込まれていき（笑）。

**大野**　法案が委員会にセットされるのは会期末くらいにしかならないから、会期の中盤くらいまではスケジュールも全く確定しないんですよね。だから常にそわそわしていた。それでいざ終盤に差し掛かったら、委員会の審議時間がどうしても取れないということになった。委員会の運営を司るのはその理事会なんですが、連日ニュースに取り上げられるような与野党対決法案の調整がされてたので、何が起こるか分からないから日程をなるべく空けときたいというのは分かるんです。特に法案は衆議院から参議院に送られるものなので、参議院側は会期中に確実に法案を上げないといけないから、余裕が本当にないんですよね。だけど、できなくはないだろうというのが思いでした。ここから小林さんが自民党の超大物に積極攻勢をかけるという暴挙に出たんですよね（笑）。

**小林**　あの時は本当に追い込まれてて。金曜の夕方5時半過ぎだったんですけど、二人で幹事長のもとに勢いで飛び込んだ。河村先生（宇宙総合戦略小委員長）にも『今から幹事長のところに行きます』とお伝えしたら駆けつけてくださって。『この法案が日本の将来のためにどうしても必要なので今国会で絶対に通したいんです』と二人の思いを訴えたんですよね。そうしたら幹事長は『分かった』と仰ってくださった。その場ですぐに『とにかく重要だからこれを宜しく頼む』と重鎮の先生方に電話してくださって（笑）。

**大野**　そうしたら事態が動きかけたんですよね。でもまた頓挫する。まさに挫折と希望の連続畳み掛け……！

**小林**　そうなんですよ。一旦はいけると思ったんですが、やはり難しいとなった。この時点では一刻を争う事態になっていたので、立場もわきまえず、重鎮の先生に電話をかけまくってお願いしたんだけど、参議院での審議はかなり厳しいと言われて本当に悔しかった。

**大野**　その後の週末の土日でしたけど、今度は超党派協議会の野党のメンバーに電話をしまくりました。土日で先生方には申し訳なかったですが。参議院側の委員会の理事の先生方になんとかお願いしてもらえないかと。ただ、法案の重要性は共有されてたので、前向きな返事でした。もちろん与野党間の国対協議の話なので、どこまで力が及ぶかは分からなかったのですが、最後の一縷の望みの思いでした。

**小林**　週が明けると事態が急展開して。実は衆議院の国対がすごく動いてくれていたんですよね。最後の最後には山が動いた。法律を作ろうと肚を決めた2019年2月の予算委員会（P116参照）から、延べ840日かけた日本を想う気持ちが具体的に宇宙資源法として結実したんです。胸が熱くなりました。

2021年12月、内閣府の小林大臣室（当時）にて行われた対談の様子

# 第5章

# 宇宙大開拓時代！
# 日本企業「月面開発」最新ロードマップ

現在、月面開発は米国のアルテミス計画や中国の嫦娥（じょうが）計画など国家が主体となった活動により推進されている。一方で、既に国内外の先駆的な民間企業は月面で行う技術実証や関連するサービス提供等の事業展開を始めている。我が国においても建設、自動車、食品、保険、玩具といった様々な業種の企業が先駆者として既に事業化活動を開始し、また月面探査・利用に関心を有する企業も非常に増えている。折しも２０２１年６月、第204回国会において宇宙資源法が成立したが、我が国の民間企業が来たるPlanet 6.0時代にマーケットを獲得するためには、現時点から産業化を視野に入れて月面開拓活動を開始し、多様な企業群が参加する月面産業のエコシステムを形成していくことが不可欠と考える。人類にとって地球上の６大陸に続く第７大陸の月のフロンティア開拓が、今まさに日本の民間企業によって始まろうとしている。

思い返せば、19世紀のアメリカではゴールドラッシュをきっかけに急速にアメリカ西部の開拓が行われた。サンフランシスコは人口が１８４６年にはたったの200人ほどの小さな町だったが、１８５２年には約３万６千人にまで増え、道路、宿泊施設、レストランなどがたくさん作られた。

そう、このゴールドラッシュで大儲けした人は一獲千金を夢見た採鉱夫だけではなかった。アメリカ西部各地には十数万人が殺到したと言われているが、その中でも実際に大儲けしたのは金を採掘する過程で必須となるインフラや道具を売った人々であった。つまり、金の採掘に行くための鉄道を通した人、採掘道具のバケツ、ツルハシ、スコップを売った人、採掘場で寝泊まりするためのテントや宿泊施設を提供した人、採掘場で食事を提供するレストランなどを運営した人、そして採鉱夫たちの履いているズボンがすぐに破けてしまうことに着目し、丈夫な作業着としてジーンズを販売した洋服屋と言われている。ここで重要なのは、金を採掘するという過剰なまでのトレンドのみに乗るのではなく、そのトレンドをうまく活用した事業、そして産業を開発したということだ。

近年、月面開発の中でも特に注目を集めているのが水資源探査だ。生活用水としてはもちろん燃料にもなり得る水資源が月で獲得できれば、有人による多様な開発事業や長期滞在がいよいよ可能になる。そこで、ゴールドラッシュの時代をアナロジーとして、月の水資源探査&開発を担う日本のプレイヤーたちを当てはめてみよう。金の採掘地までの鉄道と同様に、地球から月への輸送手段となるランダーと月面探査ローバーを開発しているispace。それらの燃料の生産&補給設備として、月の水資源を利用した月面推薬生成プラント構想を手掛ける日揮グローバル。採掘場のテントや宿のように、月火星に開発拠点基地や住居を建設するための工法研究&月火星の砂を原料とした地産地消の建材開発に取り組む大林組。開拓者らの長期滞在を安定した食料供給で支えるべく、月面での物質循環による地産地消を目指すSPACE FOODSPHERE。これら開発活動の動力源となる水資源の採取&エネルギー利用を目指し、独自技術の開発に取り組む高砂熱学工業。本章では来たるPlanet 6.0時代の実現に欠かせない各社の月面開発事業を紹介していく。

（月面産業ビジョン協議会座長代理／株式会社Midtown代表取締役CEO　中村貴裕）

# Ⅰ　地球―月間の輸送

株式会社 ispace

当社は２０１０年９月の設立以来、地球と月が一つのエコシステムになる世界を目指す「Expand our planet. Expand our future. ～人類の生活圏を宇宙に広げ、持続性のある世界へ～」を長期ビジョンに掲げ、月面資源開発に取り組んでいる宇宙スタートアップ企業である。

地球でのより豊かで持続的な生活は、人工衛星を中心とした宇宙インフラストラクチャー無しではもはや成立し得ない。通信、農業、交通、金融、環境維持など様々な産業が宇宙インフラに依存しており、今後ＩｏＴや自動運転などの発展に伴いその重要性は更に高まっていく。当社は宇宙インフラを持続的かつ効率的に構築していくための鍵として、宇宙資源の活用に着目している。

特に月に存在する貴重な水資源を活用して宇宙インフラを構築し、人類の生活圏を宇宙に拡大することで、宇宙インフラを軸とした経済が地球に住む人々の生活を支え、そうして持続性のある世界を実現する。これが当社の究極の目標であり、月での水資源探査はその目標への出発点となる。

## 1　「Moon Valley 2040」構想

当社は２０４０年代に月に千人が暮らし年間一万人が訪れるような世界の実現を目指す「Moon

Valley 2040」構想を掲げ、その実現に向けたロードマップを大きく二つのフェーズに分けて整理している。フェーズ1では月の水資源やその他資源の商業的価値に着目し、高頻度・低コストで月面輸送を行うプラットフォーム（ペイロード・サービス）を構築すると共に、月面資源のデータマッピングを始めとする、月面ビジネスに参入する全ての顧客（政府宇宙機関・研究機関・民間企業等）へのデータ提供（画像&環境データ・資源情報等）を計画している（データ・サービス）。続くフェーズ2では月面資源開発／資源利用のプラットフォーム構築のために、月の水資源からロケット推進燃料を生成する事業パートナー企業とのアライアンスによる「水素バリューチェーン」の構築等に取り組む計画を持つ。

## 2　ispace の中核をなすペイロード・サービス&データ・サービス

当社は顧客からペイロード（顧客荷物）を預かり、自社で開発する小型のランダー（月着陸船）及びローバー（月面探査車）に搭載の上、月面もしくは月周回軌道への輸送サービス展開を目指している。既に①輸送前の技術コンサルテーションを開始しており、今後は②実際の輸送、③輸送後に顧客がペイロードを用いて試験等を行う際のデータフィードバック支援（電力等）などもサービスの一環として提供する予定である。

③のデータ・サービスについては、顧客自身のペイロードによるデータ収集に加え、将来的には、顧客が当社のペイロードを利用してデータ収集を行い、当該データを地球へ送り返した後、解析か

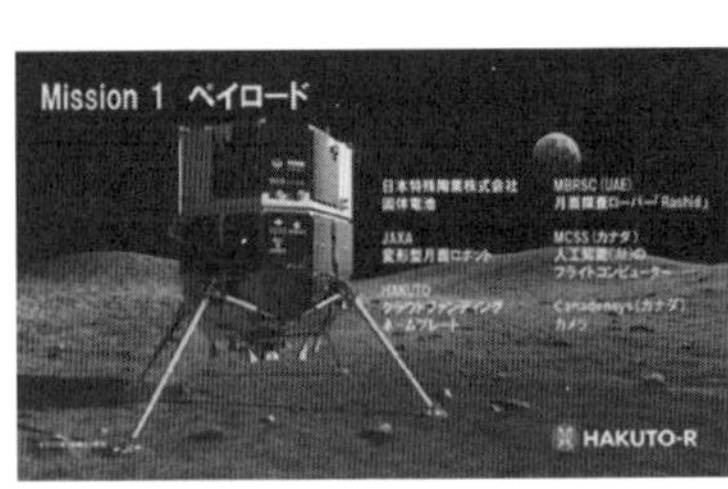


ら次なるR&D（研究開発）への活用提案までを請け負うサービスを提供できるよう検討しており、ニーズも確認されている。

2022年末頃及び2024年に予定する最初の2回のR&Dミッションを通じて輸送技術を確立し、2024年度のミッション3以降は1ミッション当たり100kg超のペイロードを輸送する商業フェーズとすることを目指す。また、2020年代前半から中期にかけては年に1、2回、後期には年3回と高頻度の月面輸送ミッションを提供可能とするサービス運用及び製造体制を目指す。現在、既にミッション1～3までの開発が並行して行われている（令和4年2月現在）。

当社のビジョン実現には多くの課題解決が必要だ。技術はもちろんのこと、金融、法律、政策、科学、教育、環境保全など、社会システムからデザインしていく必要があり、そのためには様々なステークホルダーによる地球レベルの協働が不可欠となる。今まで宇宙開発は国家事業であった。失敗が許容されにくく、それゆえ開発スピードが大きく減速する要因になっていた。一方、スタートアップ企業はより大胆にリスクを取り、よりスピード感を持って果敢なチャレンジを遂行できる。当社は日本が誇る高品質のモノづくり、また協調的なリーダーシップで世界をリードし、人類の持続的な生活を支える宇宙規模の生活圏の構築に貢献していく。

（Founder & CEO　袴田武史）

# Ⅱ　月の水資源を利用した月面スマートコミュニティ構想

日揮グローバル

総合エンジニアリングの日揮グローバル（以下、当社）は、２０１８年から社内有志メンバーによって宇宙関連ビジネスへの参画検討を進め、２０２０年に「月面プラントユニット」を新設した。２０２１年には国立研究開発法人宇宙航空研究開発機構（以下、ＪＡＸＡ）と月面推薬生成プラントの構想検討に係る連携協力協定を締結し、加えて農林水産省の「月面等における長期滞在をさせる高度資源循環型食料供給システムの開発」の公募事業に、参画するコンソーシアムが採択された。

## １　月面推薬生成プラント構想

月面推薬生成プラントとは月面の砂（レゴリス）に含まれる水資源を抽出し、有人月離着陸機や飛翔移動機の燃料となる液体水素および液体酸素を生成する設備である。ＪＡＸＡの国際宇宙探査シナリオ（案）において、２０４０年代以降の持続的な探査活動に必要な中核システムであり、日本の産業界が有する優れた技術の活用が必要となる。当社はオイル＆ガス分野のＥＰＣ事業をメインビジネスとして、石油・天然ガス・再生エネルギー等、様々なエネルギー関連プラントの事業化検討から設計・調達・建設を一貫して遂行してきた。そこで培った知見・技術を活かし、ＪＡＸＡ

との連携協力協定に基づき、実現に必要な技術要素、研究課題の洗い出しおよび研究開発計画を検討している。

## 2　月面等における高度資源循環型食料供給システム開発

農林水産省による当公募事業は内閣府が主導する「宇宙開発利用加速化プログラム（スターダストプログラム）」の一環で、当社は「共創型実証基盤の設計」のうち「高度資源循環型社会の食料供給システム」および「ＱＯＬマネージメントシステム」を地上で統合実証するための月面基地模擬施設を設計している。

## 3　月面スマートコミュニティ「Lumarnity™」

「月面産業ビジョン～ Planet 6.0 時代に向けて～」では2040年頃に千人規模の月面での有人滞在を想定している。当社はその有人拠点の活動をサポートする複合インフラ・月面スマートコミュニティ「Lumarnity™（Lunar Smart Community）」の建設を目指している（**図1**）。まさに「月面推薬生成プラント」が中心設備となり、輸送手段の燃料や

図１：月面スマートコミュニティ「Lumarnity™」構想図

居住施設のエネルギーに利用される。居住施設（図2）には、制御室や寝室などの居住区に加えて植物工場が併設され、「高度資源循食料供給システム」を始めとするその他の設備へと広がっていく。これらの計画は月面の水資源の活用を前提としており、宇宙資源法の成立により実現可能となった。

日揮グループは1980年代から2000年代初頭にかけて、国際宇宙ステーションを利用した微小重力環境利用サービスの提供、宇宙ステーションの安全・品質保証の分析、検討なども行ってきた。当社の「2040年ビジョン」では「Enhancing planetary health」をパーパス（存在意義）と再定義し、五つのビジネス領域「エネルギートランジション、ヘルスケア・ライフサイエンス、高機能材、資源循環、産業・都市インフラ」を定めた。①〜③は産業・都市インフラの領域に含まれる。月面では高真空、高放射線環境、1／6重力など、地球とは異なる環境下での技術構築に加え、無人建設を含む建設プロセスの検討が課題となる。創業以来90年以上にわたるエンジニアリング・アプローチで培ったマネジメント力や技術力などを活かし、人類の宇宙におけるさらなる持続的な活動の実現に貢献していく。

（デジタルプロジェクトデリバリー部　宮下俊一）

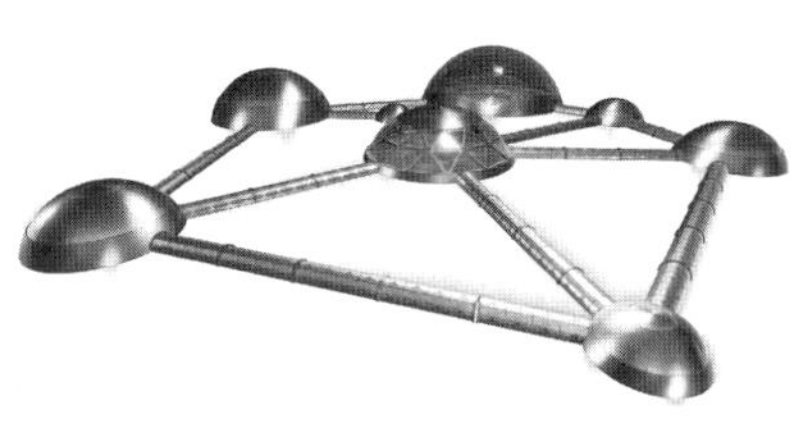

図2：月面居住施設イメージ図

# Ⅲ 月火星での建設工法研究＆地産地消建材作製開発

株式会社大林組

株式会社大林組（以下、当社）は1892年創業の大手建設会社である。国内外の建設工事が主たる事業内容であるが、2016年に定款を変更して事業目的に「宇宙開発」を追加した。その後2019年に宇宙開発も担う部署である「未来技術創造部」が発足した。次世代技術のシーズを探索し、大林組の将来の布石を作るチームである。

## 1　大林組の宇宙開発―宇宙へ行く・住む・使う―

当社が宇宙へ挑む理由は「大林組の事業を宇宙というかつてない可能性を秘めた領域に拡大していくこと」と「宇宙開発を通じて得られた技術を地上でのものづくりに活かしていくこと」である。そこで、宇宙開発の三本柱を次の通り定めている。

### ①　宇宙へ行く

構想：（株）大林組、画：張仁誠

図1：月面都市2050構想

主に「宇宙エレベーター」「ロケットの発射場」の研究に取り組んでいる。宇宙エレベーターに関しては、基本となるケーブルの素材であるカーボンナノチューブの宇宙実験や、昇降カゴであるクライマーの研究をしている。

② 宇宙に住む

宇宙に人が暮らせる環境をつくる建設技術の研究である。特に、月火星などの重力天体では地上で培った建設技術が活用でき、また、表層物質を取り扱うのに土木技術が不可欠である。現地の資源も上手に利用しながら「月火星に住む」ための技術開発に注力している。

③ 宇宙を使う

宇宙開発の知見を地上で応用していく取り組みである。たとえば、地球を丸ごとＣＴスキャンする研究や、地下水の量を予測する研究が挙げられる。

**2　月火星に住むための建設技術**

月には大気がほとんどないが、水の存在の可能性が指摘されており、居住、エネルギー、推薬への利用が期待される。火星には、大気が存在したり水が比較的多く存在したりと人間が生活するための資源には恵まれている。

これらの資源を利用しながら月火星で生活をする。そのための当社の研究には、自在に変形し多様な空間を創造することが可能な「可変形状トラス」を用いた建築、水や栄養素を循環させて宇宙

図２：地産地消型基地建設材料の製造

で農業を実現する自動生産施設などがある。

宇宙における「地産地消」の方法として、月の砂をマイクロ波で加熱して資材にする研究や、火星の砂をコールドプレスで圧縮してブロックを作る研究もしている（図２）。また、３Ｄプリンター、遠隔操作の重機などを使う無人・遠隔・自律施工も月火星で利用される重要な技術である。

当社は、２０２１年にブランドビジョン「つくるを拓く」を策定し、「建設の枠を超え、新しい領域を拓いてゆく」という挑戦を始めた。宇宙の大航海時代に、宇宙資源を活用しつつ、宇宙という新しい未来に果敢に切り込んでゆく。

# Ⅳ　人類社会の危機を克服し、宇宙への生存圏拡大を進めるために

## 一般社団法人SPACE FOODSPHERE

　地球上では温暖化や生物多様性の低下といったプラネタリー・バウンダリー（地球の限界）などを背景にＳＤＧｓが注目を集めているが、２０３０年までの目標達成が危ぶまれており、さらには新型コロナウィルスのパンデミックや地政学的リスクの高まりにより、人類社会に危機が訪れている。一方、近年では宇宙開発が急速に進展しており、人類が月や火星で長期滞在する本格的な宇宙時代の到来が近づいている。このような地球上の人類社会の危機を克服すると共に宇宙への生存圏拡大を進めるためには、宇宙というリソース等の制約が極めて厳しい極限環境下でも持続的に食料とＱＯＬを確保できる高度な食料供給システムを構築すると共に、それにより高度化された技術を地球に還元し、地球上の課題解決を加速させるというアプローチ（**図１**）が有効だと考えた。

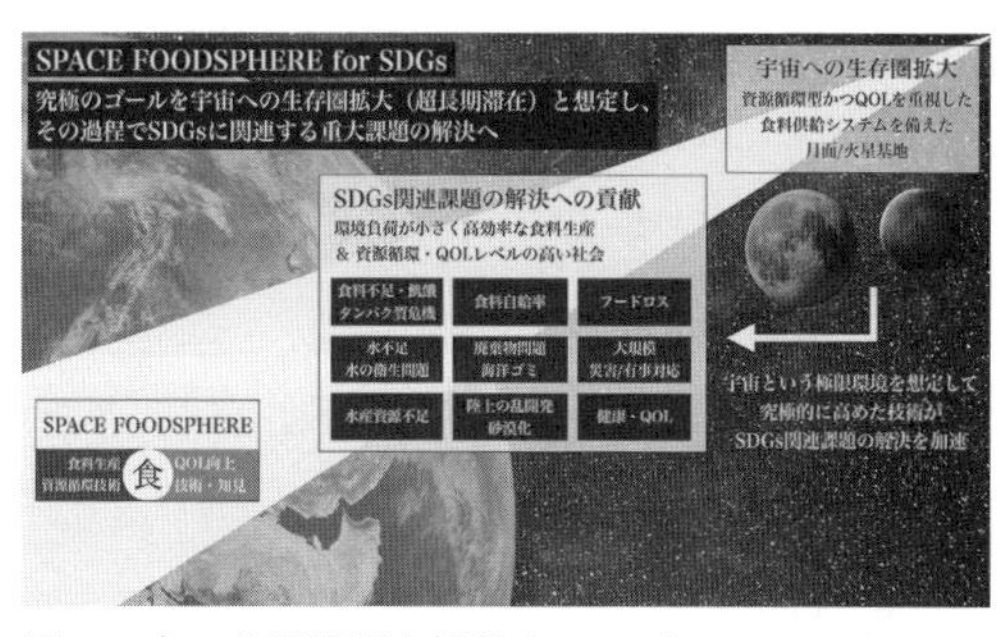


図１：食の共通課題を解決するアプローチ

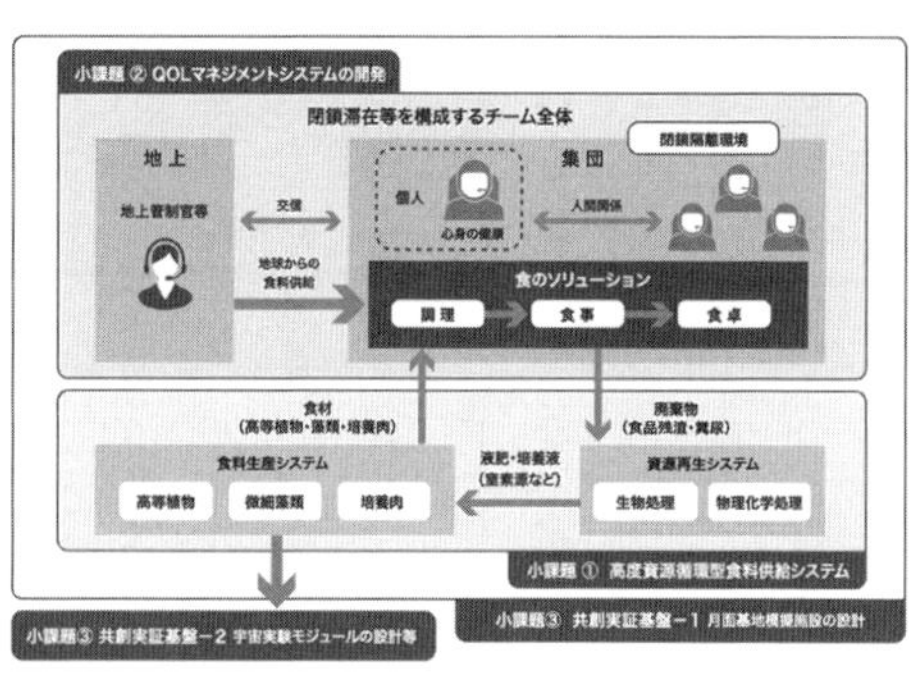


図２：プロジェクト全体像

### １　地球と宇宙に共通する食の課題解決を目指す共創プログラム

そこで２０１９年に、リアルテックファンド・ＪＡＸＡ・シグマクシスの３社が主導し、地球と宇宙に共通する食の課題解決とマーケット創出を目指す共創プログラム Space Food X を創設した。さらに２０２０年には、一般社団法人 SPACE FOODSPHERE へと法人化し、日本を代表する50以上の企業・大学・研究機関・有識者等と共に食のソリューション構築や事業化に向けた共創活動を推進してきた。

### ２　世界に先駆けた食の研究開発プロジェクトが本格始動

２０２１年12月には、SPACE FOODSPHERE を代表機関とするコンソーシアムが、内閣府宇宙開発利用加速化戦略プログラム（スターダストプログラム）の一環である「月面等における長期滞在を支える高度資源循環型食料供給システムの開発」戦略プロジェクト（農林水産省主管）の公募において受託事業者として選定され、本格的な共創型研究開発を開始した。

２０２２年４月現在、地上400㎞に位置する国際宇宙ステーションでは、食料についてはは全てが地球からの補給に依存している。一方、地球から約38万㎞に位置する月や数千万㎞に位置する火星での持続的活動を想定した場合、食料の安定的な確保や地球からの補給量削減、ＱＯＬの確保が不可欠となる。そのような背景の下、本プロジェクトは、①高度資源循環型の食料供給システムの開発、②ＱＯＬマネージメントシステムの開発、③それらシステムの統合的な実証を行うための共創型実証基盤（月面基地模擬施設および宇宙実験モジュール）の設計等という3テーマから構成されており（**図2**）、２０３０年代半ば以降の月面での実装を目指している。また、宇宙利用にとどまらず、ここで培われた技術は、地球上でも技術転用し、地球上の食の課題解決と市場創出にも貢献する方針である。本プロジェクトには22機関の企業・大学・研究機関が参画しているが、その中から特徴的な2社を紹介したい。

### (1)　株式会社ユーグレナ…
### 微細藻類の大量培養技術を強みとするサステナブル企業

ユーグレナ社は、２００５年に世界で初めて微細藻類ユーグレナの食用屋外大量培養技術の確立に成功した。微細藻類を活用した機能性食品、化粧品等の開発・販売のほか、バイオ燃料の生産に向けた研究等を行っている（**図3**）。Space Food X の初期メンバーとして参画して以降、宇宙での高効率な食料生産に向けた検討を進めてきた。２０

図３：微細藻類の試験培養装置

２１年にはスターダストプログラムのコンソーシアムに参画し、月面で人の生活から生じる二酸化炭素や生活排水の処理を同時に実現できる高効率な循環型食料生産システムの開発を進めている。さらに、そこで獲得した技術を地球へ還元することを目指して、究極的なサステナビリティを追求している。

### (2)　インテグリカルチャー株式会社：細胞培養技術の普及を目指すスタートアップ

インテグリカルチャー社は、細胞培養技術によって作られた培養肉などの細胞農業製品を消費者の手の届く価格帯で提供することで、持続可能なタンパク源の提供を目指している。コア技術として、低コストで培養肉の生産を可能とするプラットフォーム技術 CulNet® system（**図４**）を開発しており、培養肉分野で世界の最前線で研究開発と事業化を進めている。スターダストプログラムでは、東京女子医科大学先端生命医科学研究所と共に野心的な資源循環型の培養肉生産システムの確立を目指しており、月面基地への実装と共に、将来的には地球上への技術活用により、培養肉の生産に伴う環境負荷やコストのさらなる低下を目指している。

図４：CulNet® system 試験装置

## V

# 月面の水資源採取&エネルギー利用開発

### 高砂熱学工業株式会社

当社は、フロンティアビジネス創出活動の一環として、月面資源開発に取り組んでいる。同ビジネスは中長期的視点で当社グループの発展に向けて未開拓な成長領域を開拓する活動であり、これにより社員のモチベーション向上や企業イメージの向上に資すると考えている。

近年、月に水資源がある可能性が示されたことから、月面探査・開発は世界的に注目を集めており、世界各国で熾烈な開発競争が進められている。月において水は大変貴重な資源である。生活用水としてだけでなく、電気分解によって水素と酸素に分解すればロケットの燃料や人の生命維持の資源として活用することができる。月面で水資源を獲得できるようになれば長期間の月面活動が可能になり、月面経済構築の端緒に就くことができると考える。

当社は空調設備のパイオニアとして空調技術を磨き続けながら、あらゆる用途のビル、工場、施設に対する脱炭素社会への貢献を目指して、人にやさしい快適空間の創出、高品質な製品の製造環境づくり、最新の省エネルギー運用などの社会的価値を提供してきた。

そうした活動の中で培ってきた独自の水素利用技術を月面開発に応用すべく、目下取り組んでい

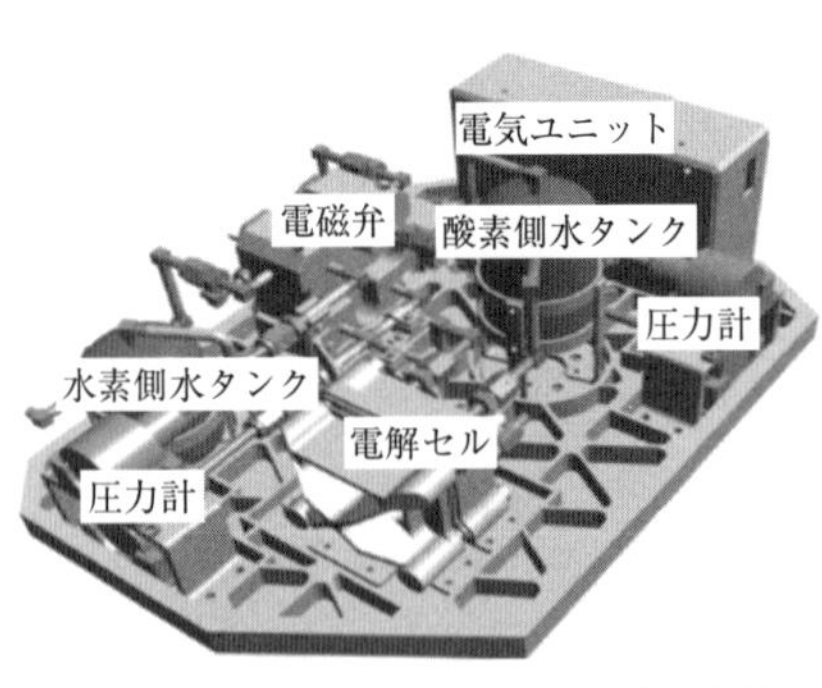


図１：月面水素ミッションの水電解装置の概要図

るのが、㈱ispaceが製造する月面着陸船へ当社の水電解装置を搭載し、月面環境下で世界初の水素と酸素の生成を目指すプロジェクトだ。

月で必要とされる技術を世界に先駆けて実証することは宇宙産業に進出するきっかけとなり、事業創出の機会獲得に繋がっていくと考える。今回のミッションでは月面着陸船に搭載できる程度の極めて水素製造量が少ない小型装置（**図１**）での実証を計画している。

月面向け装置を開発する上で考慮する必要があるのが、地上と月面での使用環境の違いだ。また、装置はロケットの打上げ時の振動や衝撃にも耐える必要がある。さらに、装置の運用においても、問題発生箇所が明らかになったとしても修理を行えないこと等が挙げられる。よって月面向け装置においては、機器の選定から設計、製作の全プロセスにおいて、発生しうるあらゆるトラブルを想定し、不安要素を完全に排除する必要がある。さらに、機器や部品に対しては、それを構成する全ての部材の宇宙適合性を調査して評価をする必要がある。そこが地上での装置と大きく異なる点だ。既に地上では確立された技術であっても、それを月面環境で稼働できる装置に

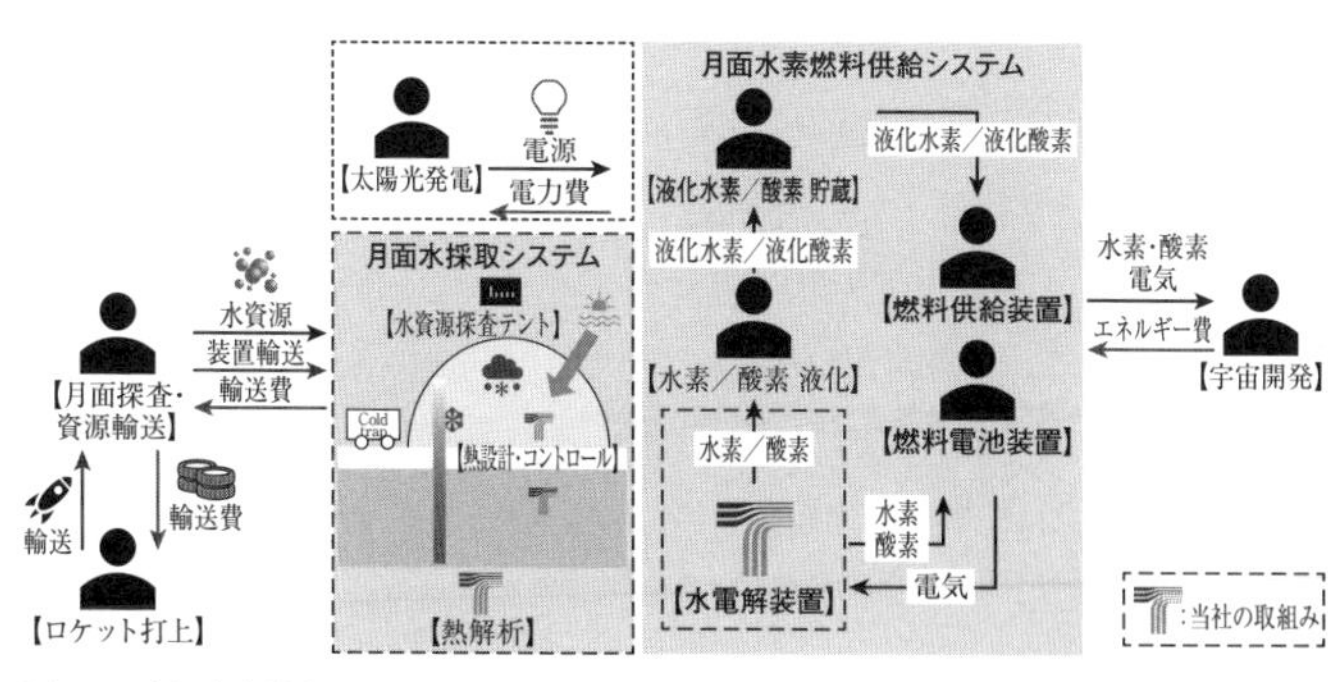


図２：月面水資源のエコシステム

仕上げるには極めて高いハードルがあり、現在それを一つ一つ検討し、装置設計を進めている段階にある。このミッションを皮切りに宇宙産業に進出し、事業創出機会の獲得を目指していく。

当社の将来構想は月面経済を成立させるためのエコシステムを構築することである。前述の通り、月面での水資源の確保は最も重要なミッションの一つだ。月の南極付近のクレーターには太陽光が当たらない場所があり、その砂の中に氷が混ざっているとされている。この氷に当社の蓄熱・伝熱技術を応用し、水を採取するのが「月面水採取システム」であり、採取した水を太陽光エネルギー由来の電力を使って電気分解し、水素と酸素を製造するのが「水電解装置」である。極めて野心的なプロジェクトではあるが、どちらの技術も月面エコシステムでは不可欠な技術であり、当社はその技術のサプライヤーとなり、月面エコシステム（**図2**）構築の実現を目指している。

（経営企画本部経営企画部　森田健）

# 第6章

# 宇宙産業に関する国際ルール形成に向けて

## ―今後の展望&フォローアップ事項―

## 国際競争力と多様なアクターの利害調整・秩序形成

我々がここまで述べてきた我が国の宇宙政策に懸ける思いは、宇宙資源法の成立で完結するものでは決してない。それはあくまで挑戦の入り口に過ぎず、今まで以上に我々人類の日常生活に裨益（ひえき）するよう、宇宙開発利用を積極的に進めていきたいと考えている。第1章にある通り、技術の発展と共に巨額の民間資金が流入するに従って非宇宙部門から宇宙関連市場への参入も増え、それがさらに産業市場拡大をもたらしている一方で、その影響もあって安全保障利用の範囲も益々広がりつつある。

安全保障の文脈では、冷戦期においては主として核戦略の目的で画像偵察衛星、早期警戒衛星、通信衛星などの利用が進められたが、現代ではこれらの衛星に加え、測位衛星や商用の衛星が精密攻撃をはじめとした戦術的な利用にまで広がり、キルチェーン上の全フェーズでの宇宙の依存度は7割を超すとすら言われている。また、このような衛星利用が加速する一方で、一部の国々は相手の衛星を無力化するための非対称能力として、衛星破壊や電磁波など衛星無力化能力の開発や、さらにそれらを阻止するための衛星抗堪性技術の開発などが、各国によって具体的に検討されていると言われている。

すなわち、連成する産業市場と安全保障という二つの部門で、アクターとプレーヤーが多様になりつつあることを意味し、国際社会の中での多様なアクター間の利害調整や秩序形成、さらには健全な競争力の確保が極めて重要な課題となっている。特に国際政治の秩序劣化やそれに伴う国際経済の構造変化が進展している中で、自国に不利にならない国際ルールの形成は焦眉の急を告ぐ課題となっている。

## スペースデブリと宇宙状況監視（ＳＳＡ）

２０２１年11月、政府はスペースデブリの除去を目指す民間事業者に向けた「軌道上サービスを実施する人工衛星の管理に係る許可に関するガイドライン」を発表した。世界初の試みであり、今後はこれを国際標準とすべく、努力を重ねることとしている。第１章Ⅱ『宇宙産業の市場』でも触れたように、現在多くのアクターによって衛星コンステレーションが計画されているが、増加の一途をたどるスペースデブリは国際社会の喫緊の課題であり、放置すると衛星コンステレーションどころか新規宇宙サービスの提供さえ困難になることが予想されている。

世界中で宇宙利用が活発になる中でも特に衛星データの活用は多岐に亘っている。私たちの生活そのものを劇的に変化させうる衛星データ、例えばGoogle Maps等で確認できる衛星画像や、気象衛星「ひまわり」による天気予報、自動車や携帯電話に搭載されたナビゲーションシステムで使っているＧＰＳ、最近では人工衛星の画像データ等を基に気象データと組み合わせて農作物の収穫時期の判断、港の貨物船の貨物量画像からの貨物の消費予測、原油タンクの蓋の落ち具合でタンク内の原油量の推測、画像データとＡＩを組み合わせてショッピングモールの車の数から業績予想が可能になるなど、経営判断の指標としても有効であると言われている。このように衛星データと他のデータを組み合せることにより、無限の可能性を開くことができる。

このような衛星データを送る人工衛星のほか、地球や宇宙そのものの科学的探査を行う科学衛星、通信衛星、地球上の2点間の正確な距離・方向を測定する測地衛星、偵察やミサイル探知を目的とする軍事偵察衛星など多種多様な人工衛星を、各国が安全保障や外交を目的として、あるいは民間事業者が産業目的のために打ち上げている。特に近年、人工衛星の打上げ数が急速に増大しており、２０２０年には１３００基以上、２０２１年には１４００基以上に達しているとのことである。また、米国のSpaceXやAmazonなどが通信衛星コンステレーション構築を計画しており、例えばSpaceXは約4万基の打上げを計画している。

軌道上には前述のような稼働している人工衛星だけでなく、運用を終えた人工衛星、ロケットの上段、ボルトなど人工衛星の部品やこれらと人工衛星の衝突によって発生した破片等、さらには、米国（１９８５年）、中国（２００７年）、インド（２０１９年）、ロシア（２０２１年）による衛星破壊実験（ＡＳＡＴ実験）がデブリ数を大幅に増やし、軌道の混雑に拍車がかかっている。

実際に、国連宇宙部のカタログ（登録された人工衛星）では、２０２１年12月時点で１万２千個以上である一方で、米国宇宙戦略軍のカタログ（低軌道上で約10㎝以上、静止軌道で約１ｍ以上の全ての物体）では、２０１９年までに１万９５３８個であり、１㎝以上では50万〜70万個、１㎜以上は１億個以上と推定されている（**図１**）。

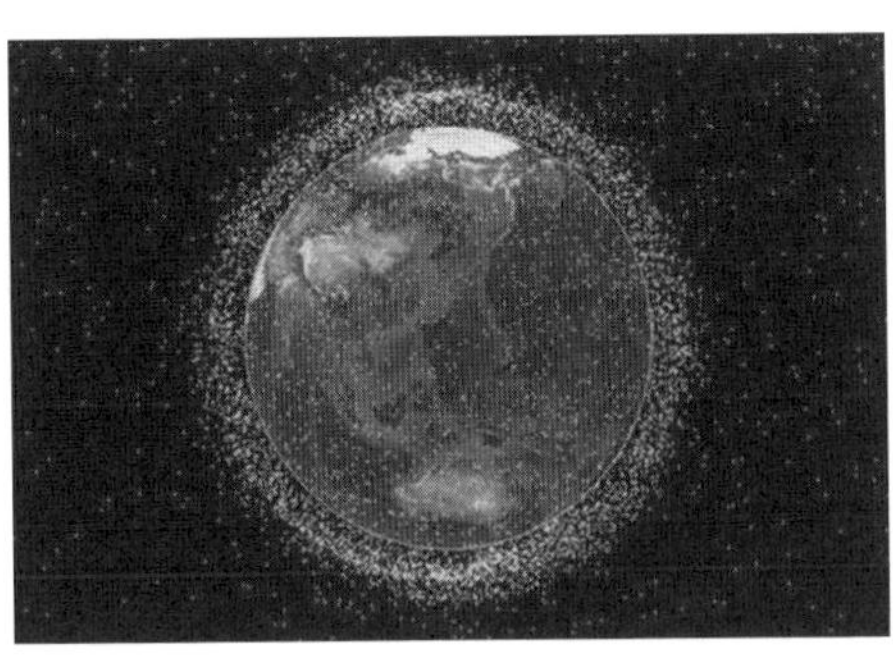

図１：スペースデブリイメージ図（出典：JAXA）

登録数に関しては、宇宙条約第８条を具体化した宇宙物体登録条約で「打上げ国が宇宙物体を登録する」と規定されており、国内での登録と国連へ衛星に関する情報を提供することになっているが、現状では無登録の宇宙物体が数多くあることや、民間事業者による衛星に関しては、条約締結国であるにもかかわらず登録されていない場合もあるため、実際の数や管理をどこが行っているのか不明な衛星も多いと思われる。

このように軌道上が混雑する中、安定的に宇宙空間を利用するため、不審な人工衛星を含めた人工衛星やスペースデブリをレーダーや光学望遠鏡などで探知・識別し、接近するスペースデブリと人工衛星の衝突の回避などを目的とした本格的なＳＳ

Ａ機能を我が国としても保持する重要性が高まっている。

今後は人工衛星の増加だけでなく、民間企業による宇宙旅行や物資輸送など新規サービスの活発化が予想されていることからも、ＳＳＡは民生目的の人工衛星とスペースデブリとの衝突などの回避にも大きく寄与するだけでなく、我が国の安全保障上極めて重要である。

こうした中、既存の国際約束においては、宇宙物体の破壊の禁止やスペースデブリ発生の原因となる行為の回避などに関する直接的な規定がないため、近年ＣＯＰＵＯＳや国際機関間スペースデブリ調整委員会（ＩＡＤＣ）などで議論が進められている。２０２０年12月には国連総会本会議において、日英などが共同で提案した「責任ある行動の規範、規則及び原則を通じた宇宙における脅威の低減」決議が164か国の支持を得て採択された。

実際に、各国ではＡＳＡＴやスペースデブリなどの宇宙資産に対する脅威に加え、人工衛星や地上の電子機器に影響を及ぼす可能性のある太陽活動や、地球に飛来する隕石などの脅威を監視するＳＳＡに取り組んでいる。中でも米国は宇宙利用の規範を示していくべく、カマラ・ハリス米副大統領は２０２２年4月、今後米国はＡＳＡＴの発射実験を行わないことを確約すると発表した。

我が国では、２０２０年度に防衛省に宇宙作戦隊を新編したのに続き、宇宙領域における様々な活動を計画・遂行するための指揮統制を担う上級部隊として、２０２２年3月18日に「宇宙作戦群」が発足した。今後は、２０２３年度に山口県に設置される宇宙状況監視レーダーによるＳＳＡ

システムの本格運用を開始し、２０２６年度まではＳＳＡ衛星を打ち上げる予定になっている。

ただし、宇宙・サイバーといった新たな領域の利用の急速な拡大は、一国のみで対応することは困難であることから、米国をはじめ関係国との情報共有、協議、演習、能力構築支援などを通じて連携・協力体制を強化することが重要である。

とりわけ米国は世界で最も完備したＳＳＡシステムを有していることから、我が国の米国との連携は非常に重要である。２０１３年に「日米宇宙状況監視協力取極」が締結され、日本側の要請に基づいて米国政府から日本国政府に対して情報提供を行うこととされた。翌２０１４年には、ＳＳＡに関する日米協力によって、今度は米側の要請に基づいて日本のＪＡＸＡが米戦略軍に対し情報提供することで合意し、さらに２０２３年度からは米軍のＳＳＡシステムと防衛省が連携して情報共有を行うこととなっている。なお、防衛省は２０２２年よりＳＳＡをＳＤＡ（宇宙領域監視）へと変更した。

## 商業ＳＳＡ

ＳＳＡはもともとミサイル防衛及び警戒体制にそのルーツがあることから、政府が現在もＳＳＡデータと分析のプロバイダーである。従ってこれまで、衛星運用者にとって政府のＳＳＡサービスは軌道上のアセットを保護する上で大きな役割を果たしてきた。しかし、政府のＳＳＡサービスでは衛星運用者が求めているより高機能で詳細な情報は提供されないため、商業的なＳＳＡベンダーはより専門的なデータ製品を提供するだけでなく、信頼性の高い安全航行性監視、高度なデータストレージと処理、さらには運用者の意思決定サポートなどの追加サービスも提供するようなシステムの運用が必要であると考える。

米国や欧州においては、政府によるＳＳＡデータ調達を受けて民間観測網が拡大しており、ロシアはロシア科学アカデミー主催のＩＳＯＮ（International Scientific Optical Network）を、中国は中国科学院主導でアジア・太平洋地域多国間協力としてＡＰＯＳＯＳ（Asia-Pacific Ground-Base Optical Satellite Observation System）とＡＰＳＣＯ（Asia-Pacific Space Cooperation Organization）でグローバル観測網を形成している。

将来、商業衛星運用者が持続的かつ責任を持ってミッション期間から廃棄までの間、アセットを管理する必要性が高まる中で、商業ＳＳＡベンダーには基本的な安全航行から軌道上サービスなど新しい活動への支援が期待される。

現在、我が国は主に米国から受け取る情報を基にＳＳＡを行っているところであるが、我が国も欧州と同様に地域の自律性を高める観点から、米国とは連携しつつも過度に依存しない形での独自のプラットフォームの構築に取り組んでいく必要があると考える。また、今後さらなる宇宙産業の推進を図りつつ、ＳＳＡデータの取扱いについての法律や衛星管理者を含めた軌道上サービス事業者及びその関連事業者が守るべき法律の整備、それに伴う商業ＳＳＡサービス事業者の義務等の規制のバランスを考慮した上で、民間事業者の予見可能性を高めるためにも法律を含めた環境整備が必要と考える。

## 宇宙交通管理（ＳＴＭ）

世界中で宇宙利用が活発になる中で、民間事業者による衛星メガコンステレーション構築などによる人工衛星の増加だけでなく、宇宙旅行や物資輸送などの新規サービスが活発化していくことからも、安定的な宇宙開発利用の向上を図りつつ秩序ある宇宙活動を確保するために、宇宙空間における交通管理の重要性が高まっている。

ＳＴＭは「物理的、電波的障害を受けることなく安全に宇宙空間にアクセスし、運用し、及び地上へ帰還するための技術的及び規制的取決め」と定義され（International Academy of Astronautics, *Cosmetic Study on Space Traffic Management*, 2006）、また、米国「宇宙政策指令３」では「衛星運用における干渉を避けて、宇宙環境における運用の安全性・安定性及び持続可能性を向上させるための活動の計画、調整及び軌道上の同期」と定義されている（２０１８年）。

端的に言えば、ＳＳＡは宇宙空間にどのような物体がどういう動きをしているのかを観測して取得データをカタログ化し、宇宙物体の接近解析や衝突回避等の活動を行うことであり、ＳＴＭは宇宙物体の打上げ許認可審査から打上げ、軌道離脱、安全な落下処置等トータルの宇宙活動を管理することである。これは宇宙での衝突を防止するという意味だけでなく、他の衛星運用者とどのようにやりとりをするのか、ということが重要になる。

これまで各国は宇宙条約等をベースに、自国関係者による打上げや再突入に関する許認可制度である宇宙活動法や、衛星データの取扱いについての取決めである衛星リモセン法などの法整備を行ってきたが、打上げ後から再突入に至る間の宇宙空間での活動に関する取決めは存在しない。

ＳＳＡの項目でも少し述べたが、ＳＴＭはＳＳＡデータに依存していることからＳＳＡデータに関するルール整備が必要である。例えば①ＳＴＭを行う上で必要なＳＳＡデータの定義、②データの供給ルール、③データ管理ルール、④宇宙天気の情報サービスルールなどが挙げられる。また、交通管理に関しては、例えば①打上げのための安全規定、②軌道における通行権、③マヌーバーに関する優先順位付け、④有人宇宙飛行のルール、⑤地球低軌道における衛星コンステレーションのルール等の他、届出システムに関するルール等が挙げられる（*Space Traffic Management Towards a roadmap for implementation*, 5 Feb., 2020）。

我が国においては、２０１８年2月に行われた宇宙政策委員会・宇宙安全保障部会で「共通の安全規則」としてのＳＴＭ国際レジームの必要性について議論がなされた。また、２０１９年3月からこれまでに5回開催されている「スペースデブリに関する関係府省等タスクフォース大臣会合」の第４回において軌道利用に関する「今後の取組方針」が決まり、その後軌道上サービスに関するサブワーキンググループが5回開催され、２０２１年5月17日に報告書が取り纏められた。

人工衛星の管理に係る許可をサービス衛星に適用するための要求事項を整理すると共に、①我が国が管理許可付与国以外の立場から軌道上サービスの当事国となる場合への制度的対応、②軌道上サービスに係る損害賠償責任リスク、③スペースデブリ発生の外部不経済性の内部化、といったサービス衛星の管理に係る許可とは直接は関わらない軌道上サービスのルール作りに関する事項について論点と課題が整理された。特に、先進的な宇宙開発・利用国である我が国としては、高いデュアルユース性を有するサービス衛星の構造や管理について率先して十分な説明責任を果たし、誤解や誤算のリスクを減らす具体的な方法論を提示していくことが求められる。特に本報告では、軌道上サービスの計画・審査及び実行に関する透明性の確保について重点が置かれている。今後、国の政策にそれらを反映すると共に、国際的な共通ルールに発展させていくことが必要と考える。

なお、今後の宇宙利用における様々なサービス等の出現までをも見据えて、我が国の国益に適うルールのあり方を早急に考えていくべきとの小林・大野の強い思いを受けて、本タスクフォースの名称を「宇宙交通管理に関するタスクフォース」と変更した（２０２２年3月）。

# 第2編

# 「宇宙資源の探査及び開発に関する事業活動の促進に関する法律」逐条解説

2021:
space resources act

# 宇宙資源の探査及び開発に関する事業活動の促進に関する法律〔令和三年法律第八十三号〕

第一条（目的）

**第一条**　この法律は、①宇宙基本法（平成二十年法律第四十三号）の基本理念にのっとり、宇宙資源の探査及び開発に関し、同法第三十五条第一項に基づき宇宙活動に係る規制等について定める人工衛星等の打上げ及び人工衛星の管理に関する法律（平成二十八年法律第七十六号。以下「宇宙活動法」という。）の規定による許可の特例を設けるとともに、②宇宙資源の所有権の取得その他必要な事項を定めることにより、③宇宙活動法第二条第一号に規定する宇宙の開発及び利用に関する諸条約（第三条第二項第一号において単に「宇宙の開発及び利用に関する諸条約」という。）の的確かつ円滑な実施を図りつつ、④民間事業者による宇宙資源の探査及び開発に関する事業活動を促進することを目的とする。

1　概要

本条は、本法の目的を規定しており、宇宙基本法の基本理念にのっとり宇宙活動法の許可の特例を設けるとともに、宇宙資源の所有権の取得等を定めることにより、宇宙条約等の的確かつ円滑な実施を図りつつ、民間事業者による宇宙資源の探査及び開発に関する事業活動を促進することを目的としている。

なお、宇宙資源に関する国際的な枠組みに関しては、青木節子議長のもとで２０２１年5月に開催されたＣＯＰＵＯＳ法律小委員会第60会期において、宇宙資源ＷＧが設置されるなど、まだ議論が始まったばかりの段階である。[1]このような状況の中で、一部の国が先行者として無秩序な開発を行い、それによって、宇宙開発能力を十分に有していない途上国などの利益が損なわれることは適切ではない。そこで、我が国が宇宙資源の探査・開発に関して国際的に理解を得られるような適切な国内法を整備することで、今後新たに宇宙開発やその法整備を進めようとする国に対して適切な先例を示すことにより、国際的なルール形成において主導的な役割を果たしていこうとするものである。

## 2　本法の位置付けについて

宇宙活動法では、広く「人工衛星の管理」に関する許可制度を設けているところ[2]（同法第20条）であり、「宇宙資源の探査及び開発」に係る活動についても、人工衛星管理設備を用いて人工衛星の位置、姿勢及び状態を把握し、これらを制御することが想定されるため、この「人工衛星の管理」に含まれることになる。他方、「宇宙資源の探査及び開発」については、宇宙活動法において主に想定されている地球周回衛星や静止軌道衛星の運用とは異なる特殊な活動であることや、宇宙資源の所有権の取得等、特別の規定を設ける必要がある。

そのため、本法は宇宙活動法の規定の適用を前提としつつ、人工衛星の管理に関して付加的な特例を定める法律として位置付けることとした。具体的には「人工衛星の管理」のうち「宇宙資源の探査及び開発を人工衛星の利用の目的として行う人工衛星の管理」については、通常の宇宙活動法の許可の枠組みに上乗せする形で、その申請書の記載事項や審査基準を追加した。

## 3　内容

### ①　宇宙基本法（平成二十年法律第四十三号）の基本理念にのっとり

本法では、宇宙活動法や衛星リモセン法と同様に、宇宙基本法の基本理念にのっとることを、本法の目的規定で明記している。

この「宇宙基本法…（中略）…の基本理念」とは、同法第2条から第7条までに定められている事項を指し（同法第8条）、具体的には、「宇宙の平和的利用」（同法第2条）や「国際協力等」（同法第6条）等の原則について、本法でも尊重して従うべきことを明らかにしたものである。特に、「宇宙の平和的利用」では、宇宙開発利用に関する条約その他の国際約束の定めるところに従うことが明記されており、我が国が、国際ルールに整合する形で平和的に宇宙資源開発を進めようとする姿勢を内外に示している。

### ②　宇宙資源の所有権の取得

第5条において、本法の許可の特例に係る事業活動計画の定めるところに従って採掘等がされた宇宙資源について、その採掘等をした者がその所有権を取得することができることを規定している。

宇宙条約では宇宙資源の所有について明示的な規定はなく、禁止する規定も定められていない。宇宙条約が禁止しているのは、国家による「天体を含む宇宙空間」の領有と、民間事業者を含めた私人による「天体」の土地の所有である。
広く宇宙活動の自由を認めている同条約の趣旨に鑑みれば、宇宙条約が許容する宇宙活動の範囲内であれば、天体から分離して取得した宇宙資源の所有は許容され得ると考えられる。[3]
本法では、そのような背景も踏まえ、宇宙活動法の許可の特例や公表制度を設けるとともに、それらを宇宙資源の所有権の取得要件とすることにより、国家による民間事業者に対する継続的な監督の確保を図っている。

③　宇宙の開発及び利用に関する諸条約（第三条第二項第一号において単に「宇宙の開発及び利用に関する諸条約」という。）の的確かつ円滑な実施を図りつつ

宇宙資源の開発・取得に係る具体的な在り方については、前述の通り、現在、国連等において国際的なルール作りに向けた議論が行われている状況である。

従って、本法の目的を定める第1条において、民間事業者による宇宙資源の探査・開発という宇宙活動を後押しすると同時に、他国の事業者との関係で紛争等が生じないよう、宇宙の開発及び利用に関する諸条約[4]に適合していくことの必要性を示している。その上で、これを実現するための「的確かつ円滑な実施」について、政府による適切な監督を行うための具体的な手続等を整備している。

④　民間事業者による宇宙資源の探査及び開発に関する事業活動を促進する

近年、我が国を含め、各国で宇宙開発にチャレンジしようとするベンチャー企業が数多く登場している。

このような民間事業者からは、事業活動のなかで取得した宇宙資源の所有権の扱いが不透明であることを課

題とする声があった。また、宇宙資源に関する法制度の整備により事業環境を整えた国や地域に活動拠点を移すベンチャー企業が今後出てくれば、我が国のイノベーションの機会が失われるという懸念もあった。

そのため、本法は、適切な監督の下に資源探査・開発の合法性を担保し、事業者や投資家等の予見可能性を高めることで、民間事業者による事業活動を後押しし、我が国に宇宙活動に関するヒト・モノ・カネ・情報・技術等が集まりやすくすることを目的としている。

## 第二条（定義）

**第二条**　この法律①において、次の各号に掲げる用語の意義は、②それぞれ当該各号に定めるところによる。

一　③宇宙資源　月その他の天体を含む宇宙空間に存在する④水、鉱物その他の天然資源をいう。

二　宇宙資源の探査及び開発　次のいずれかに掲げる活動（専ら科学的調査として又は科学的調査のために行うものを⑤除く。）をいう。

イ　宇宙資源の採掘、採取⑥その他これに類するものとして内閣府令で定める活動（ロ及び第五条において⑦「採掘等」という。）⑧に資する宇宙資源の存在状況の調査

ロ　宇宙資源の採掘等及びこれに付随する加工、保管その他内閣府令で定める行為

### 1　趣旨

本条は、本法における用語の定義を定める規定であり、「宇宙資源」及び「宇宙資源の探査及び開発」の定義を規定するものである。

2　内容

(1)　第1号「宇宙資源」の定義

①　月その他の天体を含む宇宙空間に存在する

「月その他の天体を含む宇宙空間」として、月や火星などの天体に存在する資源のみならず、宇宙空間に漂うガス等も対象としている。

②　水、鉱物その他の天然資源

「天然資源」については、その取得の時点における状態を限定していないことから、固体・液体・気体など如何なる状態であるかは問わず、広く対象として想定されている。ただし、本法第5条に基づく所有権の取得の対象となり得るものとして「有体物」（民法第85条）であることが必要である。そのため、例えば、太陽光等のエネルギー（日照）や地熱等については、本法の「宇宙資源」としては想定していない。また、宇宙空間に廃棄された人工衛星やその一部などのデブリについては、人工物であるため、ここでいう「天然資源」には含まれず、本法の適用対象外となる。

なお、「天然資源」の例示として水と鉱物を挙げている。これは月の表面に存在するとされている水氷や月面の砂（レゴリス）などを想定している。レゴリスはイルメナイト、灰長石、斜長石などの鉱物から成っており、アルミニウム、カルシウム、マグネシウム等の元素や、二酸化ケイ素、鉄チタン等の化合物を含んでいる。水は電気分解により水素と酸素を取り出し、ロケットの推進剤や燃料電池に利用できることが期待されているほか、生命の維持の観点から有人活動を長期的に行うためにも必須となる。また、鉱物は月面での拠点建設に向けた資材や輸送機などに利用することが期待されている。[5]

## ⑵　第２号「宇宙資源の探査及び開発」の定義

### ③　宇宙資源の探査及び開発

「宇宙資源の探査」については概ね「宇宙資源の存在状況の調査」（同号イ）に、「宇宙資源の開発」については概ね「宇宙資源の採掘等」（同号ロ）に対応している。ただし、探査においても、「採掘等」が行われることはあり得るなど、実際の活動として「探査」と「開発」は一体的に行われ、これらを明確に切り分けることは困難である。このため、ここでは「探査及び開発」として一つの用語に定義している。[6]

### ④　（専ら科学的調査として又は科学的調査のために行うものを除く。）

#### ㈠　趣旨

「月その他の天体を含む宇宙空間における科学的調査は、自由」とする宇宙条約第１条の趣旨を踏まえ、「専ら科学的調査として又は科学的調査のために行うもの」を、「宇宙資源の探査及び開発」から除外している。これにより、科学的調査に関わる宇宙資源の探査及び開発については、本法に基づく許可申請等を求めず、自由に活動できることとしている。

具体的には、ＪＡＸＡや国立大学法人などが行う活動を想定している。

ただし、本法では、実施主体が誰であるかによる除外規定ではなく、活動内容が科学的調査に関わるものか否かで除外規定を設けている。これは、ＪＡＸＡや国立大学法人であっても、企業と同様の営利活動などを行う場合もあり、そのような場合には法律の適用を受けることが適切であると考えたためである。従って、JAXAや国立大学法人などによる宇宙資源の採掘等が行われた場合であったとしても、「専ら科学的調査として又は科学的調査のために行」わないときには、営利を目的とする民間事業者と同様に、宇宙活動法第20条第1項の許可の特例による規律を受けることとなるとともに、本法第5条を根拠として宇宙資源の所有権を取得することが可能となる。

(イ)「専ら」

本条の「宇宙資源の探査及び開発」に該当するか否かの判断が明確かつ容易に行うことできるよう、「主として」のように、科学的調査目的と商業目的のどちらに比重が置かれているか等といった量的な判断が必要となるような要件とはせず、「専ら」として、科学的調査目的のみを持って行われる活動のみを除外することとした。そのため、例えば、科学的調査目的と称しつつ商業目的も有しているような場合には、宇宙資源の売買などの取引が行われることも想定されることから、適正な監督を及ぼす必要があるため、許可の特例の対象とすることとしている。[7]

(ウ)「科学的調査として又は科学的調査のために」

「科学的調査として」とは、例えば天体の資源分布を調べるために採掘を行うなど、活動内容そのものが科学的調査であることを意味している。また、「科学的調査のために」とは、例えば月面上で採取した水を自らの科学装置を動かすための電源として利用するなど、科学的調査の用に供するために行うものが該当すると考えられる。

### ⑤　採掘、採取その他これに類するものとして内閣府令で定める活動

「採掘」とは、天体から宇宙資源を掘り取るなど、対象とする資源を天体から物理的に切り離して取り出す行為を想定している。将来的には大型の掘削機などを用いて大規模な採掘が行われるものと考えられる。

「採取」とは、天体上に堆積しているレゴリス等を収拾するなど、当初から天体と物理的に切り離され又は独立して存在する宇宙資源を取得する行為を想定している。将来的には、宇宙空間に浮遊する塵やガス等を捕集するといったことも考えられる。

宇宙資源を取得する活動態様としては、これら「採掘」と「採取」により概ねカバーされると考えられ、現時点で他の具体的な想定はないが、将来的な技術進展等により新たな取得方法が生み出される可能性も否定できないことから、内閣府令において取得方法を追加できるように委任規定を設けた（なお、本法施行規則（条文はＰ250参照）では、本法の施行時においては、新たな行為についての規定は置かれていない）。[8]

### ⑥　に資する宇宙資源の存在状況の調査

宇宙資源の採掘等「に資する」調査であれば足りるため、その時点で宇宙資源の採掘等の具体的な計画を伴う調査である必要はない。また、論理的には、概念上「採掘等に資する」ことのない調査は本法の対象から外れることになるが、実態として「宇宙資源の存在状況の調査」は基本的に「宇宙資源の採掘等に資する」ものとして、この「調査」に含まれると考えられる。

## ⑦　宇宙資源の採掘等

「採掘等」は、同号イの「採掘、採取その他これに類するものとして内閣府令で定める活動」のことであり、宇宙資源の所有権取得を定める本法第5条とも関係する概念である。

## ⑧　これに付随する加工、保管その他内閣府令で定める行為

ここでいう「加工」とは、採掘等をした宇宙資源を材料として、これに精錬等の工作を加え、その宇宙資源の本質を保持させつつ新たな属性を付加し、価値を加えることを意味するものと考えられる。

ここでいう「保管」とは、採掘等をした宇宙資源の滅失や毀損等を防止するために保持することを意味する。宇宙空間において採掘等をした宇宙資源の占有を継続するための態様の一つと考えられる。

また、今後の宇宙資源の探査及び開発の活動実態を踏まえて、これら以外にも含むべき行為が現れることも想定されるため、「その他内閣府令で定める行為」として委任規定を設けた。また、宇宙資源を他の場所に運ぶ「運搬」等の行為も想定されることから、本法施行規則第2条において「宇宙資源の輸送」という表現で規定された。この「宇宙資源の輸送」については、例えば、月面で採掘した宇宙資源をその付随行為として保管場所等にローバーで移動させるような事例が考えられている。[9]

なお、前述の「加工」や「保管」といった行為自体が「宇宙資源の探査及び開発」に含まれることとなるため、これらの行為を行う目的で人工衛星を利用する「人工衛星の管理」については、「採掘等」と同様に宇宙活動法の許可の特例（本法第3条）の対象となることになる。

ただし、これらの行為は条文上「採掘等」に「付随する」ものという限定が付されているため、基本的

には、採掘等と一体的に行われるものであることが想定されている。そのため、例えば、宇宙資源を採掘した事業者から当該資源を購入した者が、その加工や保管等をするといった場合等については、本号ロの「加工」や「保管」には含まれず、その結果、「宇宙資源の探査及び開発」には含まれないものと整理している。

## 第三条（人工衛星の管理に係る許可の特例）

**第三条**　宇宙資源の探査及び開発を人工衛星（宇宙活動法第二条第二号に規定する人工衛星をいう。第一号及び第四項において同じ。）の利用の目的として行う人工衛星の管理（同条第七号に規定する人工衛星の管理をいう。）に係る宇宙活動法第二十条第一項の許可（以下この条において「宇宙資源の探査及び開発の許可」という。）を受けようとする者は、宇宙活動法第二十条第二項各号に掲げる事項のほか、内閣府令で定めるところにより、同項の申請書に次に掲げる事項を定めた計画（以下「事業活動計画」という。）を併せて記載しなければならない。

一　当該宇宙資源の探査及び開発の許可の申請に係る人工衛星を利用して行おうとする宇宙資源の探査及び開発に関する事業活動（以下この項において単に「宇宙資源の探査及び開発に関する事業活動」という。）の目的

二　宇宙資源の探査及び開発に関する事業活動の期間

三　第一号に規定する宇宙資源の探査及び開発を行おうとする場所

四　第一号に規定する宇宙資源の探査及び開発の方法

五　前三号に掲げるもののほか、宇宙資源の探査及び開発に関する事業活動の内容

六　その他内閣府令で定める事項

2　宇宙資源の探査及び開発の許可の申請については、内閣総理大臣は、当該申請が、宇宙活動法第二十

二条各号に掲げるもののほか、次の各号のいずれにも適合していると認めるときでなければ、当該宇宙資源の探査及び開発の許可をしてはならない。
一　事業活動計画が、宇宙基本法の基本理念に則したものであり、かつ、宇宙の開発及び利用に関する諸条約の的確かつ円滑な実施及び公共の安全の確保に支障を及ぼすおそれがないものであること。
二　申請者（個人にあっては、宇宙活動法第二十条第二項第八号の死亡時代理人を含む。）が事業活動計画を実行する十分な能力を有すること。
3　内閣総理大臣は、宇宙資源の探査及び開発の許可をしようとするときは、当該宇宙資源の探査及び開発の許可の申請が前項各号に適合していると認めることについて、あらかじめ、経済産業大臣に協議しなければならない。
4　第一項及び宇宙活動法第二十条第二項の規定は同条第一項の許可に係る人工衛星の利用の目的を変更して宇宙資源の探査及び開発をその利用の目的とするための宇宙活動法第二十三条第一項の許可を受けようとする者について、前二項の規定は当該許可をしようとするときについて、それぞれ準用する。
5　宇宙資源の探査及び開発の許可又は前項に規定する宇宙活動法第二十三条第一項の許可（次条及び第五条において「宇宙資源の探査及び開発の許可等」という。）を受けた者に対する宇宙活動法の規定の適用については、宇宙活動法第二十三条第一項中「事項」とあるのは「事項又は宇宙資源の探査及び開発に関する事業活動の促進に関する法律（令和二年法律第八十三号）第三条第一項に規定する事業活動計画（以下単に「事業活動計画」という。）」と、宇宙活動法第二十四条中「管理計画」とあるのは「管理計画及び事業活動計画」と、宇宙活動法第二十六条第一項、第三項及び第四項並びに第三十一条第一項中「この法律」とあるのは「この法律及び宇宙資源の探査及び開発に関する事業活動の促進に関する法律」と、宇宙活動法第二十六条第五項中「の規定」とあるのは「並びに宇宙資源の探査及び開発に関する事業活動の促進に関する法律第三条第二項（第二号に係る部分に限る。）の規定」と、第六十条第五号中「事項」とあるのは「事項又は事業活動計画」とするほか、必要な技術的読替えは、内閣府令で定める。

## 1　概要

本条は、人工衛星の管理に関する許可を定める宇宙活動法第20条第1項の許可の特例、同法第23条第1項の許可の特例等を定める規定である。

そもそも本法の施行前においても、宇宙活動法の『人工衛星の管理』に係る許可を受けて宇宙資源の探査及び開発を行うこと自体は可能であった。２０１９年９月の改正宇宙活動法施行規則において、様式第17（人工衛星の管理に係る許可申請書）の「人工衛星の利用の目的及び方法」における選択肢の一つである「宇宙科学・探査」のチェック項目に「（資源探査を含む）」と明記され、人工衛星の利用の目的として「資源探査」が含まれることが明確にされた。[10] しかし、この場合、内閣総理大臣が人工衛星の管理に係る許可をするに当たって、宇宙資源の探査及び開発に関する事業活動の内容の適否といった観点を審査の対象としておらず、宇宙資源の探査及び開発に対し、宇宙空間の有害な汚染を防止する等の国による監督が十分に果たせないおそれがあった。

そこで本条では、「人工衛星の管理」に係る許可の枠組みを維持しつつ、宇宙資源の探査及び開発を目的とする人工衛星の管理においては、その事業活動の内容等の適否についても宇宙活動法第20条第１項の許可の審査対象とすることとし、その前提として、事業活動の内容等を許可申請書の記載事項として追加することとした。

本条は、宇宙資源の所有権を定める第５条とともに本法の中心的な規定であるが、第１項で許可の申請書の記載事項の追加、第２項で審査対象の追加、第３項で経済産業大臣への協議、第４項で事後に宇宙資源の探査・開発目的に変更する場合における準用、第５項で本法の特例による許可を受けた者に対する読替適用をそれぞれ規定している。

## 2　第１項　事業活動計画

### ⑴　趣旨

宇宙資源の探査及び開発を人工衛星の利用の目的として行う人工衛星の管理に係る宇宙活動法第20条第１項の許可を受けようとする者について、許可申請書に記載すべき事項として「事業活動計画」（事業活動の目的や内容など、本条第１項各号に掲げる事項を定めた計画）を追加するものである。本法施行規則第３条第１項に基づく様式第１（事業活動計画書）の備考において、事業活動計画書は、宇宙活動法施行規則で定める様式第17と併せて提出することとされている。

⑵　柱書

宇宙活動法第20条第2項第4号の「人工衛星の利用の目的及び方法」のうち「利用の目的」に着目して、本法による許可の特例の対象となる「人工衛星の管理」の範囲を「宇宙資源の探査及び開発」を行う場合に限定するものである。

⑶　第1号　目的

宇宙活動法第20条第1項の許可は、「人工衛星」ごとになされており、本法でも、この枠組みに従い、許可の対象となる（個々の）人工衛星に着目して申請や審査が行われることとなる。そのため、許可に当たり、当該人工衛星を利用して行おうとする宇宙資源の探査及び開発に関する事業活動のみを考慮すべきものと整理して、「当該宇宙資源の探査及び開発の許可の申請に係る人工衛星」と規定している。

従って、同一の事業者が複数の宇宙資源の探査及び開発に関する事業活動を計画する場合には、それぞれ独立に許可の審査を受けることとなる。内閣総理大臣は、本条による許可の審査に当たり、その対象となる人工衛星と関係のない事業活動の目的などを判断の基礎とすることはできず、人工衛星ごとに、当該人工衛星を利用して行われる事業活動について審査することになる。[11]

なお、第2号及び第5号の「宇宙資源の探査及び開発に関する事業活動」においても、第1号と同様に、「当該宇宙資源の探査及び開発の許可の申請に係る人工衛星を利用して行おうとする宇宙資源の探査及び開発に関する事業活動」という限定の付されたものとして用いている。

事業活動の「目的」に関して、具体的にどの程度の詳細な記載が必要になるかについては今後の運用に委ねられることとなるが、宇宙資源の探査開発を行う意図、宇宙空間で行う複数の活動の関係性、全体のロードマップ等を含めた「事業活動の全体像」がある程度具体的に示される必要がある。[12]

### (4) 第2号　期間

申請書の記載事項として「事業活動の期間」を定めているものである。

この「期間」については、「宇宙資源の探査及び開発」だけではなく、その準備行為等を含めた「事業活動」の期間としている。

なお、一般論として、宇宙活動のために月その他の天体を含む宇宙空間の一部を一時的に占拠することは、その活動に必要な限りにおいて認められると解されるが、具体的にどのくらいの期間で、どのような態様等であれば一時的な占拠が認められるかについては、具体的な事例に応じて個別に判断すべきものと考えられている。

### (5) 第3号　場所

「宇宙資源の探査及び開発を行おうとする場所」としており、「宇宙資源の探査及び開発」を行おうとする具体的な「場所」を記載事項としている。

内閣総理大臣の許可審査において宇宙条約等との適合性を判断でき、また、他の事業者の人工衛星との衝突等を回避し得る程度に、対象となる天体やその天体における位置ができる限り具体的に記載されることが望ましい。他方、事業者の活動実態として、不測の事態などに備え、計画にある程度の幅が必要となることも事実である。そのため、どの程度まで「場所」を特定する必要があるかについては、運用に委ねつつ、徐々に事例を積み上げながら明確化していくことが必要である。

⑹　**第4号　方法**

「宇宙資源の探査及び開発の方法」としており、その活動の具体的な「方法」を記載事項として求めている。探査及び開発の方法によっては、その天体の周辺状況や他の事業者の宇宙活動等に影響を及ぼし得ることから、「方法」は許可の審査に当たり重要な要素といえる。

⑺　**第5号　内容**

本号は、事業活動の「内容」を広く押さえるものである。

すなわち、「宇宙資源の探査及び開発」に係る事業活動の内容として事業活動の期間、場所及び方法の他、事業活動を行う上でのあらゆる内容を記載することを求めている。

また、第1号の「事業活動の目的」に係る記載事項との関係では、重なり合う部分もあるため、厳密なすみ分けは難しいところではあるが、基本的には、事業活動の内容として、第1号の「目的」よりも個々の活動内容に関する具体的な記載を想定している。

⑻　**第6号　その他の事項**

内閣総理大臣が許可審査を行う上で、他に必要と考えられる記載事項を設けられるよう「その他内閣府令で定める事項」との委任規定を設けている。実際には、申請者が事業活動計画を実行する十分な能力を有するか否かを審査する観点から、本法施行規則第3条第2項では、宇宙資源の探査及び開発に関する事業活動についての「資金計画」やその「実施体制」が規定された。

## 3　第2項　審査基準

本項は、宇宙活動法第20条第1項の許可の基準（同法第22条）に、「事業活動計画」が宇宙条約等に適合すること等の項目を追加する規定である。これにより、宇宙資源の探査・開発をその利用目的とする人工衛星の管理に関しては、宇宙活動法には規定されていない「事業活動計画」の条約適合性等について、内閣総理大臣が許可をするに当たって考慮することが可能となる。

### (1)　第1号　条約等適合性

事業活動計画が、宇宙基本法の基本理念に則したものであり、かつ、「宇宙の開発及び利用に関する諸条約の的確かつ円滑な実施」及び「公共の安全の確保」に支障を及ぼすおそれがないものであることを求めている。

本号は人工衛星の管理に係る許可の審査基準の一つである宇宙活動法第22条第1号の内容に相当するものであり、宇宙資源の探査及び開発に関する要件として、「人工衛星の利用の目的及び方法」を「事業活動計画」に置き換えたものである。なお、同号の「基本理念」とは、「宇宙基本法の基本理念」を指している（宇宙活動法第1条）。

本号については、例えば、事業活動計画の内容を審査し、①事業活動の目的が宇宙基本法の理念である平和的利用を逸脱するような内容である場合、②事業活動の期間や開発の場所が他国との国際協調の視点から大きな問題を有する場合、③採掘等の方法が宇宙空間に大量のデブリを拡散させてしまうおそれがある場合などにおいて、本法の許可をしないようにするための審査基準として機能する。

### (2) 第2号　計画実行能力

本号は申請者が事業活動計画を実行する十分な能力を有することを求めるものである。

人工衛星の管理に係る許可の審査基準の一つである宇宙活動法第22条第3号後半部分（計画を実行する能力に係る部分）の内容に相当するものであり、宇宙資源の探査及び開発に関する要件として、同号の「当該管理計画」を「事業活動計画」に置き換えたものである。なお、宇宙活動法第22条第3号前半部分（宇宙空間の有害な汚染等を防止するための措置や終了措置に係る部分）に相当する部分については、本条第2項第1号（宇宙基本法の基本理念や宇宙条約等に適合することに関する要件）の中で考慮することが可能であるため、宇宙活動法第22条第3号のうち後半部分の内容のみを新たに審査対象に追加している。

本号については、例えば、申請をした事業者が技術力や資金力が不足していることが明白である場合や、事業活動を実施するための体制が十分に整備されていない場合などにおいて、本法の許可をしないようにするための審査基準として機能する。

なお、宇宙活動法第22条第3号と同様に、申請者に死亡時代理人を含めている。[13]

## 4　第3項　協議

本項は、許可に先立ち内閣総理大臣が経済産業大臣に協議することを規定したものである。

例えば、採掘方法が現実的なものであるかといった観点で、地球上での鉱物資源開発に関する経済産業大臣の技術的な知見は、許可の審査を行う上でも有意義である。また、将来的には、宇宙空間におけるレアメタル等の大規模な採掘が進み、資源エネルギー政策との関係も考慮する必要が生じる可能性がある。このようなことも念頭に、内閣総理大臣が許可を行うに当たって経済産業大臣と事前に協議する手続を設けている。

内閣総理大臣が経済産業大臣に協議をする対象事項としては、「申請が前項各号に適合していると認めること」についてである。

## 5　第４項　目的の事後変更

「宇宙資源の探査及び開発」以外の目的で人工衛星の管理を開始した事業者が、その後に「宇宙資源の探査及び開発」を目的とした人工衛星の管理に変更する場合を想定した規定である。

規定の構造としては、第１項及び宇宙活動法第20条第２項の規定の準用と、第２項・第３項の規定の準用の二つを規定している。

## 6　第５項　読替規定

### ⑴　概要

「許可を受けた者」についての宇宙活動法の読替適用を規定するものである。

具体的には「宇宙資源の探査及び開発の許可」（＝本法第３条第１項に規定する宇宙活動法第20条第１項の許可）又は「前項（＝本条第４項）に規定する宇宙活動法第23条第１項の許可」を受けた者は、そもそも宇宙活動法の適用があるため、宇宙活動法の規定に本法や事業活動計画を追加する。

(2) 読替適用表（宇宙活動法第23条、第24条、第26条、第31条及び第60条）

宇宙資源の探査及び開発の許可等を受けた者に対する宇宙活動法の規定の適用については、次の表の上欄の規定を下欄のように読み替えることとする。

| 読替前 | 読替後 |
| --- | --- |
| ◎宇宙活動法<br>（変更の許可等）<br>第二十三条　第二十条第一項の許可を受けた者（以下「人工衛星管理者」という。）は、同条第二項第四号から第八号までに掲げる事項を変更しようとするときは、内閣府令で定めるところにより、内閣総理大臣の許可を受けなければならない。ただし、内閣府令で定める軽微な変更については、この限りでない。<br>2・3　〔略〕 | ◎宇宙活動法<br>（変更の許可等）<br>第二十三条　第二十条第一項の許可を受けた者（以下「人工衛星管理者」という。）は、同条第二項第四号から第八号までに掲げる事項又は宇宙資源の探査及び開発に関する事業活動の促進に関する法律（令和三年法律第八十三号）第三条第一項に規定する事業活動計画（以下単に「事業活動計画」という。）を変更しようとするときは、内閣府令で定めるところにより、内閣総理大臣の許可を受けなければならない。ただし、内閣府令で定める軽微な変更については、この限りでない。<br>2・3　〔略〕 |

（管理計画の遵守）
第二十四条　人工衛星管理者は、人工衛星の管理を行うに当たっては、災害その他やむを得ない事由のある場合を除くほか、第二十条第一項の許可に係る管理計画の定めるところに従わなければならない。

（承継）
第二十六条　人工衛星管理者が国内等の人工衛星管理設備を用いて人工衛星の管理を行おうとする者に第二十条第一項の許可を受けた人工衛星の管理に係る事業の譲渡を行う場合において、譲渡人及び譲受人があらかじめ当該譲渡及び譲受けについて内閣府令で定めるところにより内閣総理大臣の認可を受けたときは、譲受人は、人工衛星管理者のこの法律の規定による地位を承継する。

（管理計画の遵守）
第二十四条　人工衛星管理者は、人工衛星の管理を行うに当たっては、災害その他やむを得ない事由のある場合を除くほか、第二十条第一項の許可に係る管理計画及び事業活動計画の定めるところに従わなければならない。

（承継）
第二十六条　人工衛星管理者が国内等の人工衛星管理設備を用いて人工衛星の管理を行おうとする者に第二十条第一項の許可を受けた人工衛星の管理に係る事業の譲渡を行う場合において、譲渡人及び譲受人があらかじめ当該譲渡及び譲受けについて内閣府令で定めるところにより内閣総理大臣の認可を受けたときは、譲受人は、人工衛星管理者のこの法律及び宇宙資源の探査及び開発に関する事業活動の促進に関する法律の規定による地位を承継する。

2　人工衛星管理者が、国内等の人工衛星管理設備によらずに人工衛星の管理を行おうとする者に第二十条第一項の許可を受けた人工衛星の管理に係る事業の譲渡を行うときは、内閣府令で定めるところにより、あらかじめ、内閣総理大臣にその旨を届け出なければならない。

3　人工衛星管理者である法人が合併により消滅することとなる場合において、あらかじめ当該合併について内閣府令で定めるところにより内閣総理大臣の認可を受けたときは、合併後存続する法人又は合併により設立された法人は、人工衛星管理者のこの法律の規定による地位を承継する。

4　人工衛星管理者である法人が分割により第二十条第一項の許可を受けた人工衛星の管理に係る事業を承継させる場合において、あらかじめ当該分割について内閣府令で定めるところにより内閣総理大臣の認可を受けたときは、分割により当該事業を承継した法人は、人工衛星管理者のこの法律

---

2　〔同上〕

3　人工衛星管理者である法人が合併により消滅することとなる場合において、あらかじめ当該合併について内閣府令で定めるところにより内閣総理大臣の認可を受けたときは、合併後存続する法人又は合併により設立された法人は、人工衛星管理者のこの法律及び宇宙資源の探査及び開発に関する事業活動の促進に関する法律の規定による地位を承継する。

4　人工衛星管理者である法人が分割により第二十条第一項の許可を受けた人工衛星の管理に係る事業を承継させる場合において、あらかじめ当該分割について内閣府令で定めるところにより内閣総理大臣の認可を受けたときは、分割により当該事業を承継した法人は、人工衛星管理者のこの法律

の規定による地位を承継する。

5　第二十一条及び第二十二条（第三号（管理計画を実行する能力に係る部分に限る。）に係る部分に限る。）の規定は、第一項及び前二項の認可について準用する。

6　〔略〕

（立入検査等）

**第三十一条**　内閣総理大臣は、この法律の施行に必要な限度において、打上げ実施者、第十三条第一項の型式認定を受けた者、第十六条第一項の適合認定を受けた者若しくは人工衛星管理者に対し必要な報告を求め、又はその職員に、これらの者の事務所その他の事業所に立ち入り、これらの者の帳簿、書類その他の物件を検査させ、若しくは関係者に質問させることができる。

---

及び宇宙資源の探査及び開発に関する事業活動の促進に関する法律の規定による地位を承継する。

5　第二十一条及び第二十二条（第三号（管理計画を実行する能力に係る部分に限る。）に係る部分に限る。）並びに宇宙資源の探査及び開発に関する事業活動の促進に関する法律第三条第二項（第二号に係る部分に限る。）の規定は、第一項及び前二項の認可について準用する。

6　〔略〕

（立入検査等）

**第三十一条**　内閣総理大臣は、この法律及び宇宙資源の探査及び開発に関する事業活動の促進に関する法律の施行に必要な限度において、打上げ実施者、第十三条第一項の型式認定を受けた者、第十六条第一項の適合認定を受けた者若しくは人工衛星管理者に対し必要な報告を求め、又はその職員に、これらの者の事務所その他の事業所に立ち入り、これらの者の帳簿、書類その他の物件を検査させ、若しくは関係者に質問させることができる。

2・3　〔略〕

第八章　罰則

第六十条　次の各号のいずれかに該当する者は、三年以下の懲役若しくは三百万円以下の罰金に処し、又はこれを併科する。

一～四　〔略〕

五　第二十三条第一項の規定に違反して第二十条第二項第四号から第八号までに掲げる事項を変更した者

六　〔略〕

---

2・3　〔略〕

第八章　罰則

第六十条　次の各号のいずれかに該当する者は、三年以下の懲役若しくは三百万円以下の罰金に処し、又はこれを併科する。

一～四　〔略〕

五　第二十三条第一項の規定に違反して第二十条第二項第四号から第八号までに掲げる事項又は事業活動計画を変更した者

六　〔略〕

### 第四条（公表）

**第四条**　内閣総理大臣は、①宇宙資源の探査及び開発に関する事業活動を国際的協調の下で促進するとともに、宇宙資源の探査及び開発に関する紛争の防止に資するため、宇宙資源の探査及び開発の許可等をしたときは、その旨及び②次に掲げる事項（これらの事項に変更があった場合には、変更後の当該事項）をインターネットの利用その他適切な方法により、遅滞なく、公表するものとする。ただし、公表することにより、当該宇宙資源の探査及び開発の許可等を受けて宇宙資源の探査及び開発に関する事業活動を行う者の当該事業活動に係る利益が不当に害されるおそれがある場合として内閣府令で定める場合は、その全部又は一部を公表しないことができる。

一　当該宇宙資源の探査及び開発の許可等を受けた者の氏名又は名称

二　前条第一項各号（第六号を除く。）に掲げる事項

三　その他内閣府令で定める事項

#### 1　概要

月その他の天体を含む宇宙空間における開発の場所の重複等による紛争の防止、周辺環境の安全の確保、事業活動に関する国際的な公示等の観点から、内閣総理大臣が宇宙資源の探査及び開発の許可等をしたときは、事業活動計画の内容等を公表することとしたものである。

この許可後の公表制度は、宇宙活動法には設けられていない手続であり、宇宙資源の探査及び開発に関する事業活動を利用の目的とする「人工衛星の管理」に係る許可の特例の一つである。

## 2　内容

### ①　宇宙資源の探査及び開発に関する事業活動を国際的協調の下で促進するとともに、宇宙資源の探査及び開発に関する紛争の防止に資するため

本法において宇宙資源の探査及び開発に関する事業活動の内容を国際社会に対して公表するという特別な手続を設けた理由が、国際的協調の下での事業活動の促進と紛争の防止にあることを明確にしている。これにより、諸外国と協調し、国際ルールを遵守するという我が国の姿勢を、公表という形で具現化していることを明らかにするとともに、政府がこのような意図を踏まえた運用を行うことを求めている。

### ②　次に掲げる事項（これらの事項に変更があった場合には、変更後の当該事項）

#### ㈠　第1号　氏名又は名称

許可申請者を特定する観点から、その「住所」は、申請書の記載事項となっているが（宇宙活動法第20条第2項第1号）、個人・法人を問わず、許可を受けた者の「住所」までを全世界に向けて公表する必要性に乏しいため、「氏名又は名称」に留めている。

#### ㈡　第2号　前条第1項各号（第6号を除く。）に掲げる事項

事業活動計画の内容について、第3条第1項第6号の「内閣府令で定める事項」を除き、全て公表すべ

き事項と整理している。

なお、「探査及び開発の方法」については、民間事業者の競争力に関わる情報であるため、公表事項から除外すべきではないかとの考えもあり得るが、「探査及び開発の方法」によっては、例えば、その天体の周辺状況や付近の宇宙空間を航行する人工衛星にも影響を及ぼし得るため、公表対象に含めることとした。

ただし、あらゆる場合において、事業活動計画の内容を必ず全て公表しなければならないこととなれば、民間事業者の利益を不当に害することになり得るため、後述3の通り、内閣府令に基づき、「事業活動計画」の全部又は一部を公表しないことができることとしている。

なお、第3条第1項第6号の内閣府令で定める事項を除いた趣旨は、許可の審査に当たって必要な事項であるが、公表までは不要と考えられる情報が存在すると想定されたためである。実際に、内閣府令で記載事項とされている資金計画や実施体制は、国際協調等の観点から公表が必要とは考えられない。将来的に、第3条第1項第6号の記載事項のうち公表すべき情報が出てきた場合は、改めて本条第3号の規定に基づき内閣府令で定めることとなる。

**(ウ)　第3号　その他内閣府令で定める事項**

本法施行規則第4条第2項において、「宇宙活動法第20条第1項の許可の年月日及び許可番号」が定められている。

### (エ) 変更時の取扱い

公表すべき事項（本条各号に掲げる事項）に変更があった場合には、変更後の事項を公表すべきこととされている。

### 3 公表の例外

「事業活動計画」の公表によって、当該宇宙資源の探査及び開発の許可等を受けて宇宙資源の探査及び開発に関する事業活動を行う者の当該事業活動に係る利益が不当に害されるおそれがある場合もあり得るところ、このような場合にまで公表を行うとすれば、その結果として、事業活動そのものを躊躇したり、海外に拠点を移すといったことになり得る。このような弊害を避けるため、その全部又は一部を公表しないことができることとしている。ここで「民間事業者」ではなく「事業活動を行う者」としているのは、科学的調査に関わる活動が中心であるＪＡＸＡや国立大学法人であっても、企業と同様の営利活動を行う場合もあり、そのような場合には、このただし書の対象に含まれ得ることを想定したためである。

「公表することにより、…（中略）…事業活動に係る利益が不当に害されるおそれがある場合として内閣府令で定める場合」については、本法施行規則第4条第1項で、「公表することにより、宇宙資源の探査及び開発に関する事業活動に係る利益が不当に害されるおそれがある部分及びその理由を記載した書類を当該事業活動を行う者が内閣総理大臣に提出した場合であって、当該理由が合理的かつ妥当と認められる場合」を定めている。

例えば、特許出願前の技術情報や営業秘密に該当するような場合が想定されるが、本法施行規則では、まずはこのことについて申請者自らが理由等とともに提出することを求めている。その上で、内閣総理大臣が「合理的かつ妥当と認められる」かについて、個々の事業活動の内容や事業者の状況に応じ、個別具体的な申請状況を踏まえて判断していくことになるとされている。[14]

なお、この規定は、「全部又は一部を公表しないことができる」と定めており、公表をするか否か、またその範囲については、内閣総理大臣に一定の裁量を認めることとしている。

> **第五条**　①宇宙資源の探査及び開発に関する事業活動を行う者が②宇宙資源の③探査及び開発の許可等に係る事業活動計画の定めるところに従って④採掘等をした宇宙資源については、当該採掘等をした者が所有の意思をもって占有することによって、その所有権を取得する。

## 1　概要

本条は、我が国の許可を受けて事業活動を行う者がその許可に係る事業活動計画に従い採掘等をした宇宙資源の所有権の取得について規定したものである。

本条において宇宙資源の所有権を取得することができる旨を明記することにより、そもそも宇宙資源の採掘等が適法な行為であることが明らかになる。それとともに、宇宙資源に対する権利の内容が明確化されることにより、所有権を取得することとなる事業者だけでなく、その事業者に対して投資をする者などを含めた関係者の予見可能性を高めることとなる。その結果、我が国の宇宙産業にヒト・モノ・カネ・技術・情報などが集まり、その振興に繋がることが期待される。

また、他国の事業者等との利害調整については、我が国の国内法の整備だけではなく、将来的には宇宙資源に関する所有権の相互承認制度の創設など、国際的なルール形成が必要と考えられるが、本条を中心とする本法の適切な運用により国際的な枠組みの構築が促進されることを期待するものである。

## 2　基本的な考え方

### (1)　宇宙空間における我が国の法律の適用可能性

日本の裁判所においてどの国の民事ルールを適用するかを規律している「法の適用に関する通則法」（平成18年法律第78号）は、「最も密接な関係がある地の法」を基本的な準拠法選択の基準としている。同法は、動産又は不動産に関する「物権の得喪」が生じた場合（物を取得した場合やその権利を移転した場合など）については、その準拠法を「その原因となる事実が完成した当時におけるその目的物の所在地法による」と定めている（同法第13条第２項）[15]。

もっとも、その目的物が「宇宙資源」の場合には、どこの国の領有にも属さない宇宙空間や天体[16]が所在地となり、そもそも「その目的物の所在地法」自体が存在しない。このような場合にどの国の法律を適用するかについては、「条理」（成文法や慣習法等が存在しない場合において判断の基礎となる、物事の道理や筋道のこと）により、最も密接に関係する地の法が特定されることになると考えられる[17]。

### (2)　宇宙空間で採掘等をした宇宙資源についての権利

第５条は、我が国の許可を受けて事業活動を行う者がその許可に係る事業活動計画に従い採掘等をした宇宙資源の所有権を取得できることを法律上規定している。宇宙資源の採掘等が、我が国の許可を受けた事業活動に基づくものであることは、その採掘等に「最も密接に関係する国」が我が国であるとの評価に繋がる事情であると考えられることから、同条の要件を充足すれば、宇宙空間における宇宙資源の採掘等に対して我が国の法を適用し得るとの整理を前提としたものである[18]。

本条は、所有権の取得要件として、許可等に係る事業活動計画の範囲内であることという要件を除き、動産一般の無主物の帰属を定める民法第239条第1項の規定と同様の要件に基づいて「所有権を取得する」ことを認めており、同項の無主物先占による所有権の取得要件を加重する形となっている。本条は、「当該採掘等をした者が所有の意思をもって占有することによって、その所有権を取得する。」と明記し、民法第239条第1項ではなく、本条が所有権取得の根拠条文となる。

このように、本条は、その存在とその要件・手続を満たすこと自体が「条理」により、我が国の民事法のルール（特に宇宙資源の所有権取得に関しては、「物権の得喪」という私法関係についてのルール）が宇宙空間においても適用される可能性を高める要素となるとともに、宇宙空間においても適用される可能性が高い本法に基づいて所有権を取得することができる宇宙資源の範囲を画する要素ともなっている。

## 3 内容

### ① 宇宙資源の探査及び開発に関する事業活動を行う者

本条の主体は、宇宙資源の探査及び開発に関する事業活動を行う者であり、第4条ただし書と同様に民間事業者に限定していない。そのため、ＪＡＸＡや国立大学法人等についても、科学的調査に関連しないような活動に関しては、本条の対象に含まれる。

**② 宇宙資源の探査及び開発の許可等に係る事業活動計画の定めるところに従って採掘等をした宇宙資源については**

民法の規定よりも宇宙空間において適用が認められやすい本法第５条を根拠に所有権を取得できることとなる宇宙資源の範囲を画する要素である。許可に係る事業活動計画の定めるところに従って採掘等をした宇宙資源が対象になる。

宇宙資源の採掘等をした者が本法に基づく許可を受けていない場合や事業活動計画からの逸脱が大きい場合などには、本条に基づく所有権の取得を主張することはできない。

**③ 当該採掘等をした者が所有の意思をもって占有することによって**

無主物先占を定める民法第239条第１項と同様の要件としている。

具体的には、(a)許可に係る事業活動計画に従って採掘等がされた宇宙資源について、(b)所有の意思をもって(c)動産を占有することにより、同条に基づき所有権を取得することができる。

この(c)の要件については、民法第180条（占有権の取得）の「所持」に相当する事実的支配が認められることを必要とする。なお、この事実的支配が認められるかどうかの判断に当たっては、対象物に対する物理的支配の有無のみならず、その様態が社会通念等に照らして合理的であるかなども考慮される。そのため、たとえ天体からレゴリス等を分離したとしても、その分離の態様や時間的・場所的な接着性を考慮して「所持」に相当する事実的支配が認められないこともあり得ると考えられる。[19]

なお、民法第239条第１項の規定にはない「当該採掘等をした者が」との文言を追加しているが、これは所有権の帰属を明確にするためである。

④ その所有権を取得する

「所有権を取得する」と規定しており、その所有権の内容は、民法第239条第1項に基づいて取得される所有権と同じであることを明確にしている。

国内において自己の所有する動産の占有が第三者に奪われ、その所有権が侵害された場合には、所有権に基づく返還請求権としての動産引渡請求権（物権的請求権）の行使や損害賠償の請求（民法第709条）を行うことが考えられる。

これと同様に、本条により取得した宇宙資源の占有を宇宙空間において第三者に奪われた場合に、物権的請求権の行使や損害賠償の請求を行い得るかについては、特に議論があり得るところであり、今後の事例の蓄積やP226の概要で述べたように国際的な枠組みの構築を待つ必要があると思われる。

## 第六条（国際約束の誠実な履行等）

**第六条**　この法律の施行に当たっては、我が国が締結した条約その他の国際約束の誠実な履行を妨げることがないよう留意しなければならない。

２　この法律のいかなる規定も、月その他の天体を含む宇宙空間の探査及び利用の自由を行使する他国の利益を不当に害するものではない。

### １　概要

本条は、国際約束の誠実な履行を妨げることがないこと及び他国の利益を不当に害するものではないことを定めた規定である。

宇宙活動に関する途上国を含めたあらゆる国の利益を不当に害することのないように、第3条第2項により事業活動計画の宇宙諸条約への適合性を本法における許可の要件としていることと併せて、宇宙諸条約を遵守し、調和のとれた持続可能な宇宙活動が行われることを目指すものである。

### ２　内容

#### (1)　第１項　国際約束の誠実な履行

本法の施行に当たっての条約その他の国際約束の誠実な履行を妨げることがない旨の留意規定を定めてい

る。

誠実な履行の対象としては、「宇宙の開発及び利用に関する諸条約」（本法第1条）に限ることなく、広く「我が国が締結した条約その他の国際約束」としている。

### (2) 第2項 他国の利益

本法の全ての規定が、他国の利益を不当に害するものではないことを規定したものである。これは、宇宙条約第1条において「月その他の天体を含む宇宙空間の探査及び利用は、全ての国の利益のために、その経済的又は科学的発展の程度にかかわりなく行なわれるもの」としていること等を踏まえたものである。

なお、先行者（先行開発国の事業者など）による宇宙資源の採掘等が全人類の共同の利益にかなうことになるのかといった指摘もあるが、そのような観点からも、本条は、自国のみの利益を優先して先行者利益の不当な獲得を目指すものではないという我が国の姿勢を明確にするものである。

第七条（国際的な制度の構築及び連携の確保等）

**第七条**　国は、国際機関その他の国際的な枠組みへの協力を通じて、各国政府と共同して国際的に整合のとれた宇宙資源の探査及び開発に係る制度の構築に努めるものとする。

２　国は、民間事業者による宇宙資源の探査及び開発に関する事業活動に関し、国際間における情報の共有の推進、国際的な調整を図るための措置その他の国際的な連携の確保のために必要な施策を講ずるものとする。

３　国は、前二項の施策を講ずるに当たっては、我が国の宇宙資源の探査及び開発に関係する産業の健全な発展及び国際競争力の強化について適切な配慮をするものとする。

１　概要

宇宙資源の探査・開発に関する国際的なルールが十分整備されていない現状において、我が国が果たすべき役割として、公正で調和のとれた国際的なルール作りの牽引、国際間における情報共有の推進や調整を図るための措置、宇宙資源の探査・開発に関係する産業の健全な発展及び国際競争力の強化について適切な配慮を規定している。

## 2 内容

### (1) 第1項 国際的な制度構築

国が、各国政府と共同して国際的に整合のとれた宇宙資源の探査及び開発に係る制度の構築に努めることを規定している。

宇宙資源の開発・取得に係る利害調整の具体的な在り方については、一国の国内法制度の整備に留まらず、多国間の枠組みにおける国際的なルールを整備することが不可欠である。

２０２１年10月に設置されたＣＯＰＵＯＳ法律小委員会宇宙資源ＷＧにおいて宇宙資源の探査、開発、利用活動に関するルール作りに向けた国際的な議論が実際に行われているところである。我が国が、本法に基づく制度を基礎として、各国政府と共同しながら、国際的に整合のとれたルール作りを主導することが可能となる。そのため、本項において、国際的な制度構築に関する国の努力義務を規定したものである。

### (2) 第2項 国際連携の確保

国際的な連携の確保のために必要な施策を規定したものであり、その例示として、「国際間における情報の共有の推進」と「国際的な調整を図るための措置」を明記している。

### (3) 第3項 産業発展及び国際競争力強化

国が国際的な制度の構築（第1項）と連携の確保（第2項）を図る際には、我が国の宇宙資源の探査及び開発に関係する産業の健全な発展及び国際競争力の強化について適切な配慮をすることを明記したものである。

## 第八条（技術的助言等）

**第八条**　①国は、宇宙基本法第十六条に規定する民間事業者による宇宙開発利用の促進に関する施策の一環②として、宇宙資源の探査及び開発に関する事業活動を行う民間事業者に対し、当該事業活動に関する技術的助言、情報の提供その他の援助を行うものとする。

### 1　概要

国は、民間事業者に対し、技術的助言、情報の提供その他の援助を行うこととする規定である。

宇宙資源の探査・開発に関する事業活動は、民間事業者が主体となって自らの創意工夫により遂行されるべきものであるが、宇宙空間においては未だ解明されていない点も多く、事業としてのリスクを伴うことから、国としても可能な限り民間事業者を支援することとしたものである。

### 2　内容

①　国は、宇宙基本法第十六条に規定する民間事業者による宇宙開発利用の促進に関する施策の一環として

宇宙基本法第16条に規定する民間事業者による宇宙開発利用の促進に関する施策の一環として行うことを明らかにしている。

②　技術的助言、情報の提供その他の援助を行うものとする。

国による民間事業者に対する「援助」の例示として、「技術的助言」と「情報の提供」を挙げている。具体的には、これまで関係省庁が実施してきたプロジェクトなどから得た技術的知見に基づく助言や、政策的な観点を含む情報提供などを想定している。

**附則第一条**（施行期日）

**第一条**　この法律は、公布の日から起算して六月を経過した日から施行する。ただし、附則第三条及び第四条の規定は、公布の日から施行する。

本条は、本法の施行期日を定めるものである。

なお、本法は、令和３年６月23日に公布され（同月15日に成立）、同年12月23日に施行されている。

**附則第二条**（経過措置）

**第二条**　第三条及び第四条の規定は、この法律の施行後に宇宙活動法第二十条第一項又は第二十三条第一項の許可の申請があった場合について適用し、この法律の施行前に宇宙活動法第二十条第一項又は第二十三条第一項の許可の申請があった場合については、なお従前の例による。

本条は、本則第３条・第４条の規定の適用区分と、本法の施行前に許可の申請があった場合の経過措置について定めるものである。

本則第３条では、本法が定める特例の重要な要素である許可の審査対象の拡大や許可申請書の記載事項の追加についても規定されているため、その適用の有無が「許可の申請」時という明確な基準で判断できるようにしている。

**附則第三条（政令への委任）**

> **第三条**　前条に定めるもののほか、この法律の施行に関し必要な経過措置は、政令で定める。

附則第2条に定める経過措置のほかに、この法律の施行に関し必要となる経過措置があれば、政令によって定めることができることとした委任規定である。

**附則第四条（検討）**

> **第四条**　①政府は、この法律の施行の状況、科学技術の進展の状況、第七条第一項に規定する制度の構築に②向けた取組の状況等を勘案して、民間事業者による宇宙資源の探査及び開発に関する事業活動に関する法制度の在り方について抜本的な見直しを含め検討を行い、その結果に基づき、法制の整備その他の所要の措置を講ずるものとする。

1 概要

本条は、法制度の在り方について抜本的な見直しを含めた検討条項を定めるものである。

2 内容

① 政府は、この法律の施行の状況、科学技術の進展の状況、第七条第一項に規定する制度の構築に向けた取組の状況等

「この法律の施行の状況」としては、第3条による許可の件数、第4条の公表の状況、第5条に基づく所有権の取得の状況、新規参入を想定する民間事業者の増加などが想定される。

「科学技術の進展の状況」としては、宇宙資源の採掘等の技術の進展、宇宙資源の豊富な天体の発見、有人宇宙活動の活発化などが想定される。

「第七条第一項に規定する制度の構築に向けた取組の状況等」としては、宇宙資源に関する国際的なルールの構築、関係国の間における公示方法の確立、「アルテミス計画」の遂行状況などが想定される。

② 法制度の在り方について抜本的な見直しを含め検討を行い、その結果に基づき、法制の整備その他の所要の措置を講ずる

本法は、宇宙資源の探査及び開発に関する事業活動を促進することにより、その事業活動の担い手の増加やこれに関係する宇宙産業の活性化を図ることを想定しているが、宇宙資源の探査及び開発に関する科学技術の進展は、産業の活性化に伴ってさらに加速する可能性がある。

宇宙産業全体の活性化や科学技術の進展が一層加速すれば、宇宙資源の探査及び開発に関する事業活動に対する投資意欲が増大し、よって中小事業者を含めた民間事業者がより容易に宇宙産業に参入できるようになる。その結果、「人工衛星の管理」全体に占める「宇宙資源の探査及び開発」を利用目的とする人工衛星の管理の割合が増加してくれば、これを宇宙活動法の中に主流の宇宙活動として組み込んだ上で許可制度や罰則等を全体的に見直すことも考えられる。[20]

それとともに、宇宙資源の探査及び開発に関する国際的なルールや制度は現時点では整備されていないが、本法の適切な運用を基礎として、国際的なルール作りや制度の構築を我が国が主導していくことが可能となる。また今後国際的な枠組みをはじめとする宇宙資源を取り巻く環境が大きく変化することも十分に想定されるため、その環境変化に柔軟に対応できるよう、法制度の在り方について抜本的な見直しを含め、必要な措置を講じることを求めている。

附則第五条（人工衛星等の打上げ及び人工衛星の管理に関する法律の一部改正）

**第五条**　人工衛星等の打上げ及び人工衛星の管理に関する法律の一部を次のように改正する。（以下略）

改正後の宇宙活動法（抜粋）は次の通りである（傍線は改正箇所）。

（許可）

**第二十条**　国内に所在し、又は日本国籍を有する船舶若しくは航空機若しくは我が国が管轄権を有する人工衛星として内閣府令で定めるものに搭載された人工衛星管理設備（以下「国内等の人工衛星管理設備」という。）を用いて人工衛星の管理を行おうとする者は、人工衛星ごとに、内閣総理大臣の許可を受けなければならない。

2　前項の許可を受けようとする者は、内閣府令で定めるところにより、次に掲げる事項を記載した申請書に内閣府令で定める書類を添えて、これを内閣総理大臣に提出しなければならない。

一　氏名又は名称及び住所

二　人工衛星管理設備の場所（船舶又は航空機に搭載された人工衛星管理設備にあっては当該船舶又は航空機の名称又は登録記号、人工衛星に搭載された人工衛星管理設備にあっては当該人工衛星の名称その他当該人工衛星を特定するものとして内閣府令で定める事項）

三　人工衛星を地球を回る軌道に投入して使用する場合には、その軌道

四　人工衛星の利用の目的及び方法

五　人工衛星の構造

六　人工衛星の管理の終了に伴い講ずる措置（以下「終了措置」という。）の内容

七　前号に掲げるもののほか、人工衛星の管理の方法を定めた計画（以下「管理計画」という。）

八　申請者が個人である場合には、申請者が死亡したときにその者に代わって人工衛星の管理を行う者（以下「死亡時代理人」という。）の氏名又は名称及び住所

九　その他内閣府令で定める事項

（承継）

**第二十六条**　人工衛星管理者が国内等の人工衛星管理設備を用いて人工衛星の管理を行おうとする者に第二十条第一項の許可を受けた人工衛星の管理に係る事業の譲渡を行う場合において、譲渡人及び譲受人があらかじめ当該譲渡及び譲受けについて内閣府令で定めるところにより内閣総理大臣の認可を受けたときは、譲受人は、人工衛星管理者のこの法律の規定による地位を承継する。

2　人工衛星管理者が、国内等の人工衛星管理設備によらずに人工衛星の管理を行おうとする者に第二十条第一項の許可を受けた人工衛星の管理に係る事業の譲渡を行うときは、内閣府令で定めるところにより、あらかじめ、内閣総理大臣にその旨を届け出なければならない。

3　人工衛星管理者である法人が合併により消滅することとなる場合において、あらかじめ当該合併について内閣府令で定めるところにより内閣総理大臣の認可を受けたときは、合併後存続する法人又は合併により設立された法人は、人工衛星管理者のこの法律の規定による地位を承継する。

4　人工衛星管理者である法人が分割により第二十条第一項の許可を受けた人工衛星の管理に係る事業を

承継させる場合において、あらかじめ当該分割について内閣府令で定めるところにより内閣総理大臣の認可を受けたときは、分割により当該事業を承継した法人は、人工衛星管理者のこの法律の規定による地位を承継する。

5　第二十一条及び第二十二条（第三号（管理計画を実行する能力に係る部分に限る。）に係る部分に限る。）の規定は、第一項及び前二項の認可について準用する。

6　人工衛星管理者が第二十条第一項の許可を受けた人工衛星の管理に係る事業の譲渡を行い、又は人工衛星管理者である法人が合併により消滅することとなり、若しくは分割により当該事業を承継させる場合において、第一項、第三項又は第四項の認可をしない旨の処分があったとき（これらの認可の申請がない場合にあっては、当該事業の譲渡、合併又は分割があったとき）は、同条第一項の許可は、その効力を失うものとし、その譲受人（第二項に規定する事業の談渡に係る譲受人を除く。）、合併後存続する法人若しくは合併により設立された法人又は分割により当該事業を承継した法人は、当該処分があった日（これらの認可の申請がない場合にあっては、当該事業の譲渡、合併又は分割の日）から百二十日以内に、同条第一項の許可に係る終了措置を講じなければならない。この場合において、当該終了措置が完了するまでの間（前条に規定する場合にあっては、同条の規定による届出があるまでの間）は、これらの者を人工衛星管理者とみなして、第二十四条、前条前段、第三十一条、第三十二条及び第三十三条第三項の規定（これらの規定に係る罰則を含む。）を適用する。

（無過失責任）

**第五十三条** 国内等の人工衛星管理設備を用いて人工衛星の管理を行う者は、当該人工衛星の管理に伴い人工衛星落下等損害を与えたときは、その損害を賠償する責任を負う。

1 概要

宇宙資源の探査及び開発の活動が活発化すれば、現在のように国内（地上）から人工衛星を制御するのではなく、例えばＩＳＳの『きぼう』から他の人工衛星を制御するなど、国内（地上）以外から他の人工衛星を制御するケースが出てくることも考えられる。また、同様の問題は宇宙資源の探査及び開発の活動に限らず、宇宙開発の進展により一般的な宇宙活動でも生じうる。このため、宇宙活動法の一部を改正し、これまで日本国内に限られていた法対象となる人工衛星管理設備の所在地の範囲を拡大するものである。

2 内容

(1) 宇宙活動法第20条第1項の改正

① 日本国籍を有する船舶若しくは航空機

本改正は、人工衛星に搭載された人工衛星管理設備を用いて「人工衛星の管理」を行う場合についても許可の対象とするものである。主たる管制局としての機能（国内に所在する人工衛星管理設備による管理の「補完」という程度を超えて、それ自体が独立して人工衛星を管理する機能）を有する管理設備の小型化・軽量化技術が進展するなかで、宇宙空間にある人工衛星だけでなく、地球上を移動する「船舶・航空機」にも搭載されることが現実的に想定し得ることになる。[21] この場合、人工衛星よりも国内所在に近い「日本国籍の船舶・航空機」だけが、宇宙活動法第20条第１項の許可の対象から外れることになってしまうため、人工衛星とともに「船舶」と「航空機」に搭載する場合についても規定することとした。

② 我が国が管轄権を有する人工衛星として内閣府令で定めるものに搭載された人工衛星管理設備

日本国内や日本国籍の船舶・航空機と同等と考えられる人工衛星の範囲として、我が国が管轄権を有するか否かにより区別することとしており、詳細について内閣府令で具体化することとしている。

実際の内閣府令としては、宇宙活動法施行規則第20条第３項各号において「我が国が管轄権を有する人工衛星」が定められており、「法第20条第１項の許可を受けた人工衛星の管理に係る人工衛星（同項第１号）」、「法附則第４条の規定に基づき法第20条第１項の規定を適用しないこととしている人工衛星の管理に係る人工衛星（同項第２号）」、「国が行う人工衛星の管理に係る人工衛星（同項第３号）」が列挙されている。

⑵ 宇宙活動法第20条第２項の改正

許可の申請書の必要的記載事項として「人工衛星管理設備の場所」が挙げられているが（同項第２号）、船舶又は航空機に搭載している場合や人工衛星に搭載している場合には、「人工衛星管理設備」が移動して、所在する「場所」が特定できないため、それに代わる特定要素が必要となる。

そこで、船舶又は航空機や人工衛星を特定するための要素を、かっこ書でそれぞれ明記したものである。

③ 船舶又は航空機に搭載された人工衛星管理設備にあっては当該船舶又は航空機の名称又は登録記号

船舶又は航空機については、「打上げ施設の場所」（宇宙活動法第4条第2項第3号）におけるかっこ書と同様に「船舶又は航空機の名称又は登録記号」としている。

④ 人工衛星に搭載された人工衛星管理設備にあっては当該人工衛星の名称その他当該人工衛星を特定するものとして内閣府令で定める事項

「場所」に代わる特定要素として、「人工衛星の名称」のほかにも人工衛星を特定するための事項が想定されるため、委任規定を設けている。

この内閣府令（改正後の宇宙活動法施行規則）では、同規則第20条第4項が新設され、そこで同条第3項各号の人工衛星を特定する事項が規定されており、同項第1号の人工衛星については「法第20条第1項の許可の許可番号又は申請年月日」が、同項第2号・第3号の人工衛星については「人工衛星の軌道その他の当該人工衛星を特定することができる情報」が挙げられている。[22]

1　２０１５年に米国が国民に宇宙資源の所有を認める旨を規定した商業宇宙打上げ競争力法（H.R. 2262）を制定したが、それを受けて、２０１６年にＣＯＰＵＯＳの法律小委員会において、各国の国内法で自国民に宇宙資源の所有を認めることと宇宙条約等との関係をめぐった議論がなされ、早い者勝ちではないかとの批判もあったようである。ただし、その後、２０１７年にルクセンブルク、２０１９年にはＵＡＥが宇宙資源に関する国内法を制定したものの、２０１７年以降のＣＯＰＵＯＳ法律小委員会での議論においては、国内法制定の是非そのものは焦点にならず、宇宙資源の開発及び利用に関する国際的な枠組みやガイドラインの必要性など、国際的なルール作りに関する議論が行われているところである（第204回国会参議院内閣委員会会議録第27号　２０２１年6月14日　大鶴哲也政府参考人の答弁を参考）。

2　「人工衛星」は、「地球を回る軌道若しくはその外に投入し、又は地球以外の天体上に配置して使用する人工の物体をいう。」とされており（宇宙活動法第2条第2号）、宇宙空間で使用される人工物は広く対象となるため、例えば、天体上を走行するローバー等についても、この「人工衛星」に該当する。

3　国際宇宙法学会（International Institute Of Space Law）の声明文（２０１５年12月20日）。

4　宇宙条約、宇宙救助返還協定、宇宙損害責任条約及び宇宙物体登録条約をいう（宇宙活動法第2条第1号）。

5　第1編第5章『宇宙大開拓時代！　日本企業「月面開発」最新ロードマップ』Ｐ167（日揮グローバル）、Ｐ170（（株）大林組）、Ｐ177（高砂熱学工業（株））参照。

6　他方で、探査と開発という活動は、相互に密接な関連を有するものの、不可分一体のものとまでは評価することができず、また、異なる主体が別々の機会に行うこともあり得ることから、「宇宙資源探査開発」や「宇宙資源の探査・開発」等のような一体的に取り扱う用語ではなく、「宇宙資源の探査及び開発」という用語を用いている。

7　この点に関しては、「営利目的」や「経済的活動」等の活動を除くことも法制上あり得るところであるが、宇宙条約との関係や要件の認定の困難さから、採用されなかった。また、ＪＡＸＡ等の主体に着目して適用除外規定を設けることについては、「人工衛星の管理」に係る許可において宇宙活動法第19条のような特例が設けられていないことなどを踏まえ、主体で一律に適用の有無を判断することも採用されていない（なお、「国が行う人工衛星の管理」については、宇宙活動法第20条第1項の規定がそもそも適用されない（同法第57条第2項）。）。

8 「宇宙資源の探査及び開発に関する事業活動の促進に関する法律施行規則案」等に関する意見募集の結果について（2021年11月29日）（別紙1）番号2によると、「将来的に『採掘・採取』以外に資源を取得する方法が出てきた場合は、適宜内閣府令にて追加いただけるという理解でよいか。」との意見に対し、「内閣府令で規定する必要性が生じた場合には、適切に検討いたします。」との検討結果が示されている。

9 「宇宙資源の探査及び開発に関する事業活動の促進に関する法律施行規則案」等に関する意見募集の結果について（2021年11月29日）（別紙1）番号3「検討結果」。

10 他方で、「宇宙資源の開発」については、特に明記するものではないことから、そのような宇宙活動が法律上禁止されているわけではないものの、想定されていなかったと考えられる。

11 ただし、複数の宇宙活動が想定される「宇宙資源の探査及び開発に関する事業活動」について、その範囲をどのように解するか（単一性の問題）は、具体的な事情を考慮して判断されることになる。

12 そのため、第2号の「期間」では「事業活動の期間」として広く捉えつつ、第3号（場所）・第4号（方法）については「宇宙資源の探査及び開発」として具体的な活動場面での場所や態様の記載を求めることとしている。

13 死亡時代理人は、申請者が死亡したときにその者に代わって人工衛星の管理を行う者を意味する（宇宙活動法第20条第2項第8号）。

14 「宇宙資源の探査及び開発に関する事業活動の促進に関する法律施行規則案」等に関する意見募集の結果について（2021年11月29日）（別紙1）番号4「検討結果」。

15 法の適用に関する「通則法」の内容については、各国様々であるが、国際的にも物権関係については所在地を基準として適用法律を決めていることが多いようである。

16 なお、国家の主権が及ばないという点では、他の国際公域（公海・深海底・南極）とも共通するが、宇宙空間については、国家の責務として、自国の非政府団体による宇宙活動につき「許可及び継続的監督」（宇宙条約第6条）が求められるとともに、宇宙活動から生じた「損害についての責任」を負っている（宇宙条約第7条）点で特殊性がある。

17 なお、条理による判断を行う場合には、「その宇宙資源を採取した者の属する国の法を適用する」「その事案に最も密接に関係する国の法を適用する」など、様々な考え方があり得るところである。

18　我が国の許可を受けて事業活動を行う者が採掘等をした宇宙資源については、条理の解釈によるまでもなく、準拠法として日本の国内法（本法第５条）が適用されるという解釈をする余地もあり得る。

19　仮に宇宙資源が天体から分離された状態が一定時間継続していたという事情により占有が成立し、所有権の取得が認められたと評価し得る場合であっても、天体に戻してその宇宙資源が識別できなくなるような状態となったときは、その行為を捉えて、宇宙資源の占有だけでなく所有権についても放棄したものと評価される場合もあり得ると考えられる。

20　なお、将来的に、天体において有人での宇宙資源の探査及び開発が事業活動として活発に行われるようになれば、宇宙活動に関する資格制度の導入など、監督の方法も改めて検討する必要があるものと考えられる。

21　本法の施行時点では、ＪＡＸＡや民間事業者による、船舶・航空機からの「人工衛星の管理」に関する具体的な計画は存在していないが、今後のさらなる技術進展により、そういった事例が現れることも十分に考えられるところである。

22　改正後の宇宙活動法施行規則第20条に関して、同条第３項第１号で「許可を受けた人工衛星」とされているにもかかわらず、同条第４項第１号で、人工衛星の特定情報を「許可番号又は申請年月日」として、「許可年月日」ではなく「申請年月日」のみで足りるとしているのは、「申請はなされているが、許可を受ける前の人工衛星」に搭載した人工衛星管理設備を用いた第20条第１項の許可申請が想定されているためである。そのため、複数の人工衛星を用いて宇宙活動を行う場合においては、「人工衛星管理設備を搭載する人工衛星」と「当該人工衛星管理設備に管理される側の人工衛星」が事実上同時に申請を行うことも運用として認められると考えられる。

本法の英訳については左記のＵＲＬ及び以下のＱＲコードを参照のこと。
https://www8.cao.go.jp/space/english/resource/application.html

# 宇宙資源の探査及び開発に関する事業活動の促進に関する法律施行規則

## 〔令和三年内閣府令第七十三号〕

（定義）

第一条　この府令において使用する用語は、宇宙資源の探査及び開発に関する事業活動の促進に関する法律（以下「法」という。）において使用する用語の例による。

（法第二条第二号ロの内閣府令で定める行為）

第二条　法第二条第二号ロの内閣府令で定める行為は、宇宙資源の輸送とする。

（人工衛星の管理に係る許可の特例の申請）

第三条　法第三条第一項に規定する宇宙資源の探査及び開発の許可を受けようとする者は、人工衛星等の打上げ及び人工衛星の管理に関する法律（平成二十八年法律第七十六号。以下「宇宙活動法」という。）第二十条第二項に規定する申請書を提出する際に、併せて様式第一の事業活動計画を提出しなければならない。

２　法第三条第一項第六号の内閣府令で定める事項は、同項第一号に規定する宇宙資源の探査及び開発に関する事業活動の資金計画及び実施体制とする。

**（公表方法の特例等）**

**第四条**　法第四条ただし書の内閣府令で定める場合は、公表することにより、宇宙資源の探査及び開発に関する事業活動に係る利益が不当に害されるおそれがある部分及びその理由を記載した書類を当該事業活動を行う者が内閣総理大臣に提出した場合であって、当該理由が合理的かつ妥当と認められる場合とする。

２　法第四条第三号の内閣府令で定める事項は、宇宙活動法第二十条第一項の許可の年月日及び許可番号とする。

附　則

この府令は、法の施行の日（令和三年十二月二十三日）から施行する。

## 様式第一（第三条第一項関係）

事業活動計画書

1. 宇宙資源の探査及び開発に関する事業活動の目的
2. 宇宙資源の探査及び開発に関する事業活動の期間
3. 宇宙資源の探査及び開発を行おうとする場所
4. 宇宙資源の探査及び開発の方法
5. 宇宙資源の探査及び開発に関する事業活動の内容
6. 宇宙資源の探査及び開発に関する事業活動の資金計画及び実施体制

備考

1 用紙の大きさは、日本産業規格A4とすること。

2 本事業活動計画書は、人工衛星等の打上げ及び人工衛星の管理に関する法律施行規則で定める様式第17と併せて提出すること。

3 宇宙資源の探査及び開発に関する事業活動の促進に関する法律施行規則第4条第1項の規定に基づき、公表することにより、宇宙資源の探査及び開発に関する事業活動に係る利益が不当に害されるおそれがある部分及びその理由を記載した書類を提出する場合は、本事業活動計画書と併せて提出すること。

最新条文については左記のＵＲＬ及び以下のＱＲコードを参照のこと。
https://elaws.e-gov.go.jp/document?lawid=503M60000002073

## おわりに——宇宙資源法成立によせて

令和3（2021）年6月15日は、参議院本会議で宇宙資源法が成立する歴史的な日となった。すでに衆議院は通過しており、その日に参議院に上程されるという情報を聞いていたため、参議院のウェブサイトで本会議のインターネット中継を見ることにした。

淡々と投票が進み、賛成多数で法案が可決される様子を見ながら思い出されたのは、2015年に米国で「宇宙資源探査利用法」が成立した日のことである。当時、日本では天体から採取した宇宙資源に対する権利の承認と、宇宙条約によって禁止される天体そのものの所有との区別すらほとんど理解されておらず、メディアなどから何件もの問い合わせがあった。それからわずか6年で、日本が宇宙資源の探査・開発に関する法律を持つに至ったことには、感慨無量である。

日本で制定される法律には、政府提出法案が多い。その場合、各府省の審議会や検討会で、海外の立法例なども周到に調査して議論が行われる。作られる法律の内容は緻密であるが、立法のタイミングは遅く、他国の後追いになることも多い。そして、国際的な影響力は限られてしまう。

宇宙資源法はこれと異なり、宇宙資源の探査・開発を国際協調の枠組の中で着実に進めることの重要性を認識した国会議員の方々がリーダーシップを発揮して作られた議員提出法案であった。米国法の後も、宇宙資源に関する立法例はルクセンブルクとアラブ首長国連邦のみである。先例がほとんどない中で、文字どおりに世界をリードする法律が日本で制定されたことは、まさに画期的であった。宇宙法のように、国際的なルールが解釈の余地を広く残した形で作られている場合、国内法の制定という行為はルール形成を進める「国家実行」となる。この立法のために尽力された皆様には、感謝と感嘆の思いしかない。

このたび立法の趣旨を正しく伝えるために本書が刊行されたことを、心より祝したい。そして本書が、宇宙開発に関する法規範の発展に関心を持つ多くの読者のもとに届いてほしいと、心から願うものである。

令和四年九月

学習院大学法学部教授　小塚荘一郎

２０２１年６月、宇宙資源法が成立しました。

思えば、私が所属する西村あさひ法律事務所のシンクタンク部門の西村高等法務研究所において宇宙資源開発に関する法研究会を立ち上げたのはそのちょうど５年前の２０１６年６月のことでした。同研究会では東京大学大学院中谷和弘教授を座長に、慶應義塾大学大学院青木節子教授、学習院大学小塚荘一郎教授を始めとした有識者の方々を委員にお迎えし、委員の皆様に教えを請いながら一本の報告書を発表いたしました。報告書では宇宙資源開発における法的論点の整理を行うとともに、以下の提言を行いました。

① 我が国の政府として国内ルールを明確化する姿勢を示し段階的にルールの明確化を行うこと

② 宇宙資源につき所有の権利が認められることを明らかにすること

③ 宇宙資源開発の許可及び監督の仕組みを国内法で明確化し、各国間調整の仕組みを目指すこと

それと時を同じくしてオランダでハーグ宇宙資源ガバナンスワーキンググループが発足し、西村高等法務研究所にて日本からの唯一の参加者として同グループに参加し、第２期にはグループの幹事であるコンソーシアムメンバーの一翼を担いました。その検討結果は国連でも取り上げられ、国際的な議論に貢献することができました。

また、２０１９年には内閣府の宇宙ビジネスを支える環境整備に関する論点整理タスクフォースのメンバーを拝命し、宇宙資源法制のあり方に関する議論を重ねました。

今回の立法は、前述の提言やこれまでの活動における思いが具現化されたものであるといえ、個人的にも大変感慨深く思います。

しかし、宇宙資源に関するルール作りはまだその緒に就いたばかりです。

宇宙資源に関する法的権利の設計は、いかなる国家の主権も及ばない領域における物の権利を定義するという途方もなく根源的な取り組みであり、そうした性質ゆえ法的に整理すべき論点は依然として多数存在します。加えて、現時点では実際の宇宙資源開発がどのような技術や方法で行われていくかも明らかではなく、法的議論の前提を設定することすら容易ではないという状況です。

そのような中で、今般本法が立法に至ったことは、宇宙資源産業における技術革新、事業参入に際しての予測可能性を民間に対して担保したという意味で大変意義深く、改めて、本法の成立にご尽力された小林先生・大野先生には心から敬意を表します。

この法律を呼び水として宇宙資源開発に向けた事業活動がさらに活発化していくことを期待するとともに、これからも法律家としてその実現に向け国内外での議論に貢献していきたいと思うことしきりです。

令和四年九月

弁護士　水島　淳

本書は、小林鷹之、大野敬太郎という2人の衆議院議員が宇宙ビジネス法で世界の最前線を構築し、日本の宇宙法政策を世界レベルに引き上げた姿を示すものである。「宇宙資源の探査及び開発に関する事業活動の促進に関する法律」(「宇宙資源法」)は、国内外の事業者に対する予見可能性と法適用の確実性を担保し、世界に向けて宇宙資源探査・開発活動の透明性を確保しただけではない。国際法形成にも大きく貢献するものである。

2015年11月、米国が、国際法と米国法に従って採取された宇宙資源の所有権を認める国内法を制定したことは、世界の宇宙法コミュニティにある種の衝撃をもって受け止められた。宇宙の憲法ともいえる宇宙条約は、宇宙の領有を明示的に禁止するが、宇宙に賦存する資源について何ら規定していないからである。禁止規定がないことから、宇宙資源の探査・開発は各国国内法に従って自由に行うことが可能と解釈すべきなのか、それとも、明確な規定がないときには、国際社会が新たな行動基準を作り、それに基づいて各国が行動しなければならないのか。これは、国際法解釈の根幹にもかかわる問題であり、後者の立場を取る途上国、ロシア、欧州の多くの国は、国連での議論を求めた。現在、国連宇宙空間平和利用委員会(COPUOS)法律小委員会で、宇宙資源探査、開発、利用の法原則を「発見」する作業が続いている。すでに所有権を否定する国はなく、賦存状態ではどこの国の所有の下にもない宇宙資源に対する所有権を、資源開発者が取得するためのプロセスづくりの段階に入った。これは、他国の利益に妥当な考慮を払い、将来世代にも持続可能な開発制度を作り上げる作業といえるが、自国民の活動の透明性を確保し、国際公益尊重と自国民の保護がバランス良く規定されている日本の宇宙資源法は、国連でのルール形成に大きく貢献するものである。

科学技術の進歩により新たな活動展開が必至となるたびに、国際法は変動し、追加されてきた。ここ数十年は、発想力に富む国内法が国際法形成に与える影響がますます増大している。日本の宇宙資源法は、米国法よりもさらに未来志向で、現行国際法の存在しない部分について日本発の明確な規則を策定している。自由と公平を考慮した活動の公表規則や柔軟な国際連携の構築による紛争防止機能など日本の発想は、21世紀半ばに向けた国際法の方向性に大きく影響を与えることだろう。このような功績が議員立法によりなされた、というところに日本政治の活力を感じる。

令和四年九月

慶應義塾大学大学院法務研究科教授　青木節子

## 謝辞

我々〝自民党の宇宙兄弟〟と志を共にしてくださった全ての方々へ心より感謝申し上げます。法案の起草から完成、与野党内調整から国会審議に至るまで、怒涛のスケジュールの中、陰に日向に我々をひしと支え、鼓舞し、導いてくださった皆様のお陰で『宇宙資源法』は誕生しました。略儀ながらここに皆様の御名前を記し、御礼に代えさせて頂きます。（敬称略、役職は当時）

河村建夫先生、小塚壮一郎先生、青木節子先生、水島淳先生、石戸信平先生、衆議院法制局の皆様、内閣府宇宙開発戦略推進事務局の皆様、党宇宙・海洋開発特別委員会の皆様、宇宙法制ＷＴの皆様、ＦＵ協議会共同座長の前原誠司先生・顧問の野田佳彦先生を始めとした皆様、実務担当者会議メンバーの新妻秀規先生・青柳陽一郎先生・浅野哲先生・清水貴之先生、ご助言をくださった有識者の皆様、衆議院内閣委員会の木原誠二委員長・松本剛明筆頭理事始め先生諸氏及び職員の皆様、党国会対策委員会の御法川信英委員長代理・松本洋平副委員長始め先生諸氏及び職員の皆様、自民党の先輩・同僚の皆様、本書の制作に協力してくれた我が秘書たち、そして、宇宙政策全体を力強く推し進めてくださった安倍晋三元総理。

最後に、本書を手に取ってくださった読者の皆様に厚く御礼申し上げます。宇宙ビジネスに挑む人たちを応援したい――その一心で作った宇宙資源法が、そして本書が、皆様の挑戦をグっと後押しできることを願って。

令和四年九月

小林鷹之
大野敬太郎

# 参考文献


1. "The Space Launch Initiative:Technology to pioneer the space frontier"
FS-2002-04-87-MSFC
2. https://www.globalsecurity.org/space/systems/sli.htm
3. ＪＡＸＡ情報センター「米国ブッシュ大統領新宇宙政策発表要旨／ＮＡＳＡオキーフ長官　記者会見」2004.1.15
https://iss.jaxa.jp/topics/2004/040115.html
4. ＩＳＡＳ「日本の宇宙開発の歴史　宇宙研物語」
https://www.isas.jaxa.jp/j/japan_s_history/
5. NASA, "Commercial Orbital Transportation Services A New Era in Spaceflight", United States Govt Printing Office, 2014
6. マイケル・ベンソン著、添野知生監修、中村融他2名訳『２００１、キューブリック　クラーク』早川書房、2018
7. NASA, "The Space Launch Initiative: Technology to pioneer the space frontier", FS-2002-04-87-MSFC
https://www.nasa.gov/centers/marshall/news/background/facts/slifactstext02.html
8. Global Security.org, "Space Launch Initiative - [Feb 2001 – Nov 2002]"
https://www.globalsecurity.org/space/systems/sli.htm
9. ＪＡＸＡ情報センター「米国ブッシュ大統領新宇宙政策発表／ＮＡＳＡオキーフ長官　記者会見」2004.1.15
https://iss.jaxa.jp/topics/2004/040115.html
10. 国立国会図書館調査及び立法調査局「第２部　日本及び諸外国の動向」『宇宙政策の動向　科学技術に関する調査プロジェ

クト２０１６報告書』国立国会図書館、2017
11. ＪＡＸＡ「米国の宇宙政策の概要」内閣府宇宙政策委員会第２回調査分析部会、2013.4.25
12. Morgan Stanley, "Space: Investing in the Final Frontier", 2020.7.24
https://www.morganstanley.com/ideas/investing-in-space
13. Research And Markets , "Global Space Situational Awareness Market（2021 to 2026）- Increasing Involvement of Private Players in Global Space Industry Presents Opportunities", 2021.12.2
https://www.prnewswire.com/news-releases/global-space-situational-awareness-market-2021-to2026-increasing-involvement-of-private-players-in-global-space-industry-presents-opportunities-301436214.html
14. "The National Security Strategy of the United States of America," 2017.12
15. "Reinvigorating America's Human Space Exploration Program", 2017.12.11
https://en.wikisource.org/wiki/Reinvigorating_America%E2%80%99s_Human_Space_Exploration_Program
16. "Space Policy Directive-2, Streamlining Regulations on Commercial Use of Space", 2018.5.24
17. "Space Policy Directive-3, National Space Traffic Management Policy", 2018.6.18
18. SPACETIDE, "COMPASS", vol.0-vol.5
19. 芦田淳「立法情報　イギリス　２０１８年宇宙産業法の成立」『外国の立法』No. 276-1, P. 11-12, 2018.7
20. 宇宙法研究センター「宇宙法データベース」
https://space-law.keio.ac.jp/datebase.html
21. 宇治勝「工業会活動　フランスの宇宙活動」『航空と宇宙』第728号、P. 32-34, 2014.8
22. "CANADA's SPACE POLICY FRAMEWORK LAUNCHING THE NEXT GENERATION", 2017

https://open.canada.ca/data/en/dataset/87ccbdf1-9071-4192-bb45-f840b8344fd5

23. ＪＡＸＡ「Space Law—世界の宇宙法—」
https://stage.tksc.jaxa.jp/spacelaw/

24. 日本貿易振興機構「欧州宇宙産業調査」『ＪＥＴＲＯ航空宇宙調査シリーズ』、2021.3

25. 内閣府「宇宙政策の基本方針—ドイツ宇宙戦略２０１０」
https://www8.cao.go.jp/space/comittee/tyousa-dai9/siryou4-2.pdf

26. 橋本昌史「リモートセンシングの国際秩序—国際管理の不在下で国内規制は担い手になれるか—」一橋大学大学院法学研究科博士学位論文、2016

27. 内閣官房宇宙開発戦略本部事務局「わが国および海外のリモートセンシングの現状と動向」

28. 佐藤雅彦「宇宙活動に関する主要国の国内法制の整備」P. 124-143

29. 内閣府宇宙戦略室「宇宙状況監視（Space Situational Awareness：ＳＳＡ）について」2013

30. 防衛省「宇宙状況監視（ＳＳＡ）のための山口県に所在する山陽受診所跡地へのレーダー配置について」2017

31. 株式会社アストロスケール「令和元年度内外一体の経済成長戦略構築にかかる国際経済調査事業（宇宙状況把握データプラットフォーム形成に向けた各国動向調査）」2020.2

32. 福島康仁「宇宙利用の優位をいかに確保するか—論点の整理—」『令和２年度航空研究センターシンポジウム』P. 39-45, 2020
https://www.mod.go.jp/asdf/meguro/center/img/05_symposium1.pdf

33. 青木節子、小塚荘一郎『宇宙六法』信山社、2019

34. 小塚荘一郎、佐藤雅彦『宇宙ビジネスのための宇宙法入門　第２版』有斐閣、2018

35. 坂本規博『新・宇宙戦略概論　グローバルコモンズの未来設計図』科学情報出版、2017
36. 青木節子『日本の宇宙戦略』慶應義塾大学出版会、2006
37. 宇賀克也『逐条解説　宇宙二法』弘文堂、2019
38. 石田真康『宇宙ビジネス入門　NewSpace 革命の全貌』日経ＢＰ、2017
39. 竹内悠、小畠和史「米国の宇宙交通管理（ＳＴＭ）に関する検討状況」宇宙政策委員会宇宙安全保障部会、2018.2
https://www8.cao.go.jp/space/comittee/27-anpo/anpo-dai26/siryou2.pdf
40. 日本宇宙フォーラム宇宙政策調査研究センター「『宇宙交通管理（ＳＴＭ：Space Traffic Management）の現状と今後の動向に関する調査研究』報告書」2019
41. スペースデブリに関する関係府省等タスクフォース軌道上サービスに関するサブワーキンググループ「軌道上サービスに共通に適用する我が国としてのルールについて」内閣府スペースデブリに関する関係府省等タスクフォース大臣会合（第5回）、2021
https://www8.cao.go.jp/space/taskforce/debris/dai5/sankou3_1.pdf
42. 「国際宇宙ステーション・国際宇宙探査小委員会中間とりまとめ（その２）」文部科学省宇宙開発利用部会（第45回）、2018
https://www.mext.go.jp/b_menu/shingi/gijyutu/gijyutu2/059/shiryo/__icsFiles/afieldfile/2019/05/27/1417114_4_3.pdf
43. Advanced Exploration Systems, NASA, "Future Human Exploration planning: Lunar Orbital Platform-Gateway and Science Workshop Findings", 2018
44. 内閣府宇宙戦略推進事務局「衛星リモセン法における装置・記録に係る基準等と衛星リモートセンシングデータの利活用の推進に関する基本的考え方について」、2017
https://www8.cao.go.jp/space/comittee/kettei/29rsbasic.pdf

45. 宇宙基本法（平成20年法律第43号）
https://elaws.e-gov.go.jp/document?lawid=420AC1000000043
46. 参議院内閣委員会「宇宙基本法案に対する附帯決議」（平成20年5月20日）
https://www.sangiin.go.jp/japanese/gianjoho/ketsugi/169/f063_052001.pdf
47. 内閣府「宇宙基本計画」（令和2年6月30日 閣議決定）
https://www8.cao.go.jp/space/plan/keikaku.html
48. KEARNEY「宇宙利用の世界市場動向及び将来の予測」文部科学省革新的将来宇宙輸送システム実現に向けたロードマップ検討会（第4回）、2021
https://www.mext.go.jp/kaigisiryo/content/20210118-mxt_uchukai01-000012441_3.pdf
49. BRYCE, "REPORTS"
https://brycetech.com/reports
50. BRYCE, "State of the Satellite Industry Report"
https://sia.org/news-resources/state-of-the-satellite-industry-report/
51. 宇宙航空研究開発機構調査国際部「米国の宇宙政策について」宇宙航空研究開発機構調査分析部会（第2回）、2013
https://www8.cao.go.jp/space/comittee/tyousa-dai2/siryou1.pdf
52. 内閣府宇宙政策委員会「宇宙産業ビジョン2030　第4次産業革命下の宇宙利用創造」2017
https://www8.cao.go.jp/space/vision/mbrlistsitu.pdf
53. 情報通信研究機構「米衛星コンステレーション計画についての動向調査」2020
54. 内閣府宇宙活動に関する法制検討ワーキンググループ「宇宙活動に関する法制検討ＷＧ報告書（素案）～民間宇宙活動の

時代に対応した法制度の整備に向けて～」2009
https://www8.cao.go.jp/space/archive1/housei/dai5/siryou2.pdf

55. 青木節子「日本の宇宙政策　1～6」2020
https://www.nippon.com/ja/authordata/aoki-setsuko/

56. 遠藤友厚「宇宙の軍事利用の潮流から見た宇宙領域における我が国の優位性獲得のための技術的方向性について」海上自衛隊幹部学校ＳＳＧコラム193、2021
https://www.mod.go.jp/msdf/navcol/assets/pdf/column193_01.pdf

57. The White House National Space Council, "Renewing America's Proud Legacy of Leadership in Space", 2021.1

58. 科学技術振興機構研究開発戦略センター「米国：『トランプ政権4年間の科学技術ハイライト』の概要」2021
https://www.jst.go.jp/crds/report/US20210108.html

59. 坂田靖弘「最近の米国における宇宙政策の動向―トランプ政権2年間の成果と方向性を中心に―」『エア・パワー研究』第5号、P.175-193, 2018.12
https://www.mod.go.jp/asdf/meguro/center/img/11note2.pdf

60. 宇宙開発に関する日本国とアメリカ合衆国との間の協力に関する交換公文（１９６９年7月31日発効）
https://www.jaxa.jp/library/space_law/chapter_1/1-2-2-8_j.html

61. 永井雄一郎「国連宇宙空間平和利用委員会の設立と米国の宇宙政策」『国際関係研究』第41巻、P.25-39, 日本大学、2021
https://www.ir.nihon-u.ac.jp/pdf/research/publication/02_41_03.pdf

62. 鈴木一人「日本の安全保障宇宙利用の拡大と日米同盟」『グローバル・コモンズ』P.51-60, 日本国際問題研究所

63. 渡邉浩崇「日本の宇宙政策の歴史と現状　自主路線と国際協力」『国際問題』No.684, P.34-43, 2019

64. 稗田浩雄「宇宙基本法―宇宙開発への課題」『日本航空宇宙学会誌』第55巻第642号、P. 182-187, 2007
https://www.jstage.jst.go.jp/article/kjsass/55/642/55_182/_pdf
65. 外務省国際科学協力室「宇宙法等検討会 とりまとめ文書」2008
66. 宇宙航空研究開発機構『ＪＡＸＡ長期ビジョン―ＪＡＸＡ２０２５― 20年後の日本の宇宙と航空』丸善プラネット、2005
67. 青木節子「諸外国の宇宙活動法について」2008
68. 長谷悠太「民間事業者の宇宙活動の進展に向けて―宇宙関連２法案―」『立法と調査』No. 381, P. 82-97, 内閣委員会調査室、2016
https://www.sangiin.go.jp/japanese/annai/chousa/rippou_chousa/backnumber/2016pdf/20161003082.pdf
69. 村山隆雄「我が国の宇宙開発を考える視点―「宇宙基本法案」上程に寄せて―」『レファレンス』平成19年９月号、P. 10-31, 国立国会図書館調査及び立法考査局、2007
https://dl.ndl.go.jp/view/download/digidepo_999724_po_068001.pdf?contentNo=1&alternativeNo=
70. 日本機械工業連合会日本戦略研究フォーラム「平成19年度　宇宙の平和利用原則見直しとこれが防衛機器産業へ及ぼす影響に関する調査研究報告書」2008
https://www.jfss.gr.jp/images/investigation/H19-01.pdf
71. 日本国際フォーラム「『宇宙に関する各国の外交政策』についての調査研究　提言・報告書」2013
https://iss.ndl.go.jp/books/R100000002-I024384274-00
72. 月面産業ビジョン協議会『月面産業ビジョン―Planet6.0時代に向けて―』2021
73. 日本宇宙工業会スペースポリシー委員会「宇宙資源探査に関するＳＪＡＣ提言（案）」2019

74. 橋本靖明「ブリーフィング・メモ　宇宙基本法の成立―日本の宇宙安保政策―」『防衛研究所ニュース』２００８年７月号（通算123号）、2008
http://www.nids.mod.go.jp/publication/briefing/pdf/2008/briefing722.pdf
75. 水島淳「宇宙資源に関する法制度の動向」2019.12.18
https://www.mri.co.jp/seminar/dia6ou00000lp7ap-att/frontier-sympo2019_2-1_nishimura_1.pdf
76. 加藤敦史、森田健「フロンティアビジネス創出への挑戦―宇宙事業に関する取り組み―」『高砂熱学イノベーションセンター報』No. 34-2020, P 131-138, 高砂熱学、2021.3
77. 「宇宙二法とは～国際的な背景と各法律の概要、今後の課題～」空畑、2018.12.2
https://sorabatake.jp/152/
78. 八亀彰吾「ＮＲＩパブリックマネジメントレビュー」August. 2017, vol. 169
79. 国家宇宙戦略立案懇話会『「国家宇宙戦略立案懇話会」報告書―新たな宇宙開発利用制度の構築に向けて―』2005.10

## 《編著者略歴》

### 衆議院議員 小林鷹之（こばやし たかゆき）

衆議院議員（千葉２区：千葉市花見川区・習志野市・八千代市）。1974年千葉県生まれ。東京大学法学部卒業後、現財務省に入省。ハーバード大学ケネディ行政大学院修了。財務省理財局総務課課長補佐、在米日本国大使館書記官を経て、2012年第46回衆議院議員総選挙で初当選（現在４期）、2016年防衛大臣政務官、2021年経済安全保障担当大臣、内閣府特命担当大臣（科学技術政策・宇宙政策）。現在に至る。2019年予算委員会第三分科会で宇宙の安全保障について質問に立ち、党宇宙海洋開発特別委員会　宇宙総合戦略小委員会　宇宙法制・条約に関するWTの座長として宇宙資源法および宇宙状況監視（SSA）について党としての議論を纏めた。

### 衆議院議員 大野敬太郎（おおの けいたろう）

衆議院議員（香川県３区）。1968年11月１日生まれ。丸亀高校・東京工大卒・同大院修士・東京大学博士号取得。富士通・富士通研究所・カリフォルニア大バークレー校客員フェロー・国務大臣秘書官・東大産官学連携研究員などを経て、第46回総選挙で初当選。爾来、外交・安全保障・財務金融・地方創生・経済成長・経済安全保障などに注力。防衛大臣政務官、党副幹事長、内閣府副大臣（経済安全保障・健康医療・宇宙・防災・領土問題・海洋政策等担当）などを歴任した他、宇宙分野では、党宇宙海洋開発特別委員会の事務局長として宇宙政策全般に携わり、特に宇宙活動法や宇宙リモセン法の策定提言を同委員会PT事務局長として取りまとめた。

## 《執筆協力》

（第５章 宇宙大開拓時代！ 日本企業「月面開発」最新ロードマップ）

- 月面産業ビジョン協議会　https://www.lunarindustryvision.org/
- 株式会社 Midtown　https://midtown-inc.com/
- 株式会社 ispace　https://ispace-inc.com/jpn/
- 日揮グローバル株式会社　https://www.jgc.com
- 株式会社大林組　https://www.obayashi.co.jp/
- 一般社団法人 SPACE FOODSPHERE　https://spacefoodsphere.jp/
- 株式会社ユーグレナ　https://www.euglena.jp
- インテグリカルチャー株式会社　https://integriculture.com
- 高砂熱学工業株式会社　https://www.tte-net.com/index.html

サービス・インフォメーション

通話無料

①商品に関するご照会・お申込みのご依頼
TEL 0120(203)694/FAX 0120(302)640
②ご住所・ご名義等各種変更のご連絡
TEL 0120(203)696/FAX 0120(202)974
③請求・お支払いに関するご照会・ご要望
TEL 0120(203)695/FAX 0120(202)973

●フリーダイヤル(TEL)の受付時間は、土・日・祝日を除く 9:00~17:30です。
●FAXは24時間受け付けておりますので、あわせてご利用ください。

宇宙ビジネス新時代! 解説「宇宙資源法」
—宇宙ビジネス推進の構想と宇宙関連法制度—

2022年11月20日 初版発行
2022年11月25日 初版第2刷発行
2023年1月20日 初版第3刷発行

編著 小林鷹之・大野敬太郎
発行者 田中英弥
発行所 第一法規株式会社
〒107-8560 東京都港区南青山2-11-17
ホームページ https://www.daiichihoki.co.jp/

宇宙資源法 ISBN978-4-474-07810-9 C2032 (5)